昭和史の人間学

半藤一利

文春新書

1392

はじめに

〝歴史探偵〟と自らを称した半藤一利は、共著も合わせれば百冊近い書物を遺しました。書籍化されていない雑誌記事を含めれば、その仕事量はじつに膨大です。

そもそも半藤が〝歴史探偵〟に目覚めるのは文藝春秋に入社して一週間目に、群馬に住む坂口安吾のところに原稿をもらいに行った折のことです。原稿は一枚もできておらず、しばらく泊めてもらって待つことになりました。

「安吾さんは、古代史や戦国時代を中心に、歴史の話を毎晩、話題を変えて話してくれました。歴史のおもしろさや解釈の多様さを教えられましたね。完全な意味の『歴史開眼』、いや『人生開眼』をしたと言ってもいい。『史料なんてものをいくら並べたって、歴史の本当のところはわからない。歴史というのは史料の裏側を読まないとわからないんだ』という言葉を今でも覚えています。

『もしかすると、もしかするんじゃないか』と考える人が発想の転換ができるんであって、初めから『これはそういうもんだ』と思ってしまってはけっして発想の転換ができない。史料と史料を重ね合わせて、なおかつそこの行間に、ごく常識的な推理力を働かすことによって、本当の全容が浮かび上がってくるもんだという、いわゆる『歴史探偵学』を毎日のように教わったんです」(「半藤さんが『歴史探偵』になるまで」)

その後、半藤はとりわけ昭和史にのめり込み、手当たり次第に史料を集めて読破することになります。氏の仕事がその価値を失わないのは、そうした巨大なバックボーンがあるからでしょう。一文一文、ひと言ひと言の背後には、途轍もない量の裏付けがあるわけです。

半藤は文藝春秋に勤務する編集者でもありました。ゆえに、当事者たちへの旺盛な取材による見聞が加わります。もちろん、当事者といえども話にウソはつきものですから、それを看破し精査するにはやはり膨大な知識が必須となります。

半藤を比類のない存在にならしめたのは、こうしてでき上がった知識と見聞の双方から成る蓄積といえます。氏の仕事をさらに価値あるものにしているのは、そうした莫大な蓄積を土台にした上で、安吾の指南よろしく、史料の裏側を読む確かな視点があったからだと思われます。史料の裏側を読むとは、人の心理を読むことでもありましょう。なぜなら、本人も言うように、「歴史とは人間学」（本書198ページ）だからです。

歴史を見つめ、人間を見つめるゆるぎない視座があればこそ、半藤の月旦は面白いのです。氏の仕事の白眉は、その人物批評にあるといえるでしょう。

今回、本書を編むにあたって、半藤が人物を評している部分にスポットを当てました。人物は昭和期の軍人と政治家に限りました。

これらの軍人と政治家は昭和史を動かしたキーパーソンです。したがって、本書を一読すれば昭和史のキーポイントが大づかみでわかるようになっています。

また、当時の国民の空気や熱が背中を押すものとしてあったにしても、歴史を実際に一歩前に進めたのは、どの場面でもごく少数の人たちであったことがわかります。良い例をあげれば、御前会議での鈴木貫太郎と昭和天皇の阿吽《あうん》の呼吸がなければ太平洋戦争は確実に延びていたし、日本の被害は拡大していたでしょう。逆に、悪い例として歴史の「ｉｆ」を言うなら、近衛文麿、伏見宮博恭王、東條英機、永野修身《おさみ》、松岡洋右《ようすけ》らがあの時あのポジションに就いていなければ、日中戦争や太平洋戦争は起きなかったのかもしれません。

それはさておき、とりわけ戦争という異常な状況において、人は正体をさらけ出します。出世欲をたぎらせる者、卑怯この上ない者、右顧左眄《うこさべん》する者、信念を貫く者、部下思いの者……。その人間模様は、さまざまな示唆《しさ》に富んでいます。それはまた現代のビジネスパーソンの戦いの場にも通じる普遍的な人間の姿ともいえるでしょう。

読者諸氏におかれましては、歴史探偵が残したもっとも〝おいしい部分〟を熟読玩味されることを願うばかりです。

編集部

昭和史の人間学◎目次

第七章　政治家と官僚たち　215

構成：石橋俊澄　写真：文藝春秋写真資料室

（凡例）

陸大出では珍しい戦略家タイプ

対米開戦時に**東條**（**英機**）の副官を務めた西浦進（34期）は戦後になって、同期の堀場一雄、服部卓四郎と三人で、戦時中の陸軍の名将を五人選んだことがあったそうです。そのとき全員一致で**石原**を一位に選んだ。ちなみに二位は**板垣征四郎**、三位は**阿南惟幾**《これちか》（18期）、四位は**今村均**、五位が**安達二十三**《はたぞう》（22期）の順でした。

石原は授業をほとんどサボって別の本を読み、試験前にザッと見るだけで、それでも陸軍大学校を二番で卒業した。

陸大教育の内容を考えていくと、石原莞爾のようなユニークな人材が出たのは希有《けう》なことですね。

——実線の部分が半藤さんの言葉。

……点線の小さい文字の部分は、編集部による補足。

第一章　卓抜な軍人たち　陸軍篇

半藤は「名将」の条件についてこう述べている。

「第一に決断を自分で下すことができた人。
第二に、任務の目的を部下に明確に伝えられる人。
第三に、情報を自らの目や耳で摑む人。
第四に過去の成功体験にとらわれない人。
第五に、常に焦点の場所に身を置いた人。
そして最後に、部下に最大限の任務の遂行を求められる人」

（『昭和の名将と愚将』）

■永田鉄山
陸軍八十年の歴史で一、二に指を屈する大秀才

かつての盟友、軍政の永田と作戦の小畑が大激突

昭和初期陸軍の中心人物である**永田鉄山**は、明治十七年（一八八四）長野県諏訪市に生まれた。家は代々の医師だったが軍人を志し、陸軍中央幼年学校（東京）へ進んだ。その頭脳の明晰《めいせき》さは陸軍八十年史上でも一、二に指を屈するといわれる。幼年学校、士官学校、陸大とすべて優等卒。部内では、合理適正居士というあだ名をつけられるほど理性的な人物だった。しかもいわゆるコチコチの秀才ではなく、気の合うものとなら、紅灯の巷《ちまた》に出入りして美妓の酌にほろ酔うのも嫌いではなかった。

大秀才にして円転滑脱、その人間的にも能力的にも群を抜いたスケールの大きさから「永田の前に永田なく、永田の後に永田なし」といわれた。必然的に軍政畑を歩くようになる。その上に勉強家で、俸給の半分は書籍代にあてられたといわれる。しかしその反面で、鋭鋒《えいほう》を包みかくしながら、あまりにも合理的であり非合理を極力排斥したことから、エリート官僚的にすぎると、隊付きの猛者《もさ》的将校から敬遠される傾向がないでもなかった。

その意味で、同じように頭脳鋭敏ながら、直情径行で青年将校に好かれる面を多くもつ**小《お》畑《ばた》敏《とし》四《し》郎《ろう》**(1)とのコンビが、永田を助けたのかもしれない。小畑は明治十八年東京生まれ。父は土佐藩の足軽であったが、維新いらいの功もあり、明治二十九年には男爵を授けられている。大阪地方陸軍幼年学校から士官学校へ。家の富裕のためもあり、土佐ッポの血もあってか、栄達にとらわれず、若いときから叛骨《はんこつ》稜々《りょうりょう》たるものがあった。終生かれには〝妥協〟の二字がなかったという。軍歴としては、永田と違い、参謀本部を中心とした軍令畑を進んだ。作戦の鬼才ともいわれるほど、独特の構想をもっていた。

軍政の永田と作戦の小畑、いわば車の両輪、ともに一つの目標に向かって切磋《せっさ》琢磨《たくま》しつつ進むことができた。しかも間に立つのが、調和のとれた温厚な性格の**岡村寧次《やすじ》**(2)なのである。

しかし、かれらが刎頸《ふんけい》の友であり血盟的同志でありえたのは、満洲事変(3)までである。軍政畑と軍令畑、冷徹と情熱、良識主義と重点直行主義、孤高と親分肌といった対照的なもち味も、ある目的に向かって協心戮力《りくりょく》してことに当っているときはよかった。しかし、その目的を達し、必然的に地位もあがり軍中央（陸軍省と参謀本部）に歩を進めるにいたれば、それぞれが一城の主《あるじ》として、より高位の将来をめざし行動せねばならなくなる。

バーデンバーデンの一夜④からすでに十年がたっている。永田も小畑も、将官への栄進はもう目前である。その昭和六年暮、荒木貞夫中将⑤が教育総監部本部長から颯爽たる姿で陸相に就任したときから、二人の間は一挙に悪化しはじめるのである。

*

皇道派対統制派⑥の対立とは権力欲と感情論も加わっての、どろどろとした派閥抗争とみられている。

しかし、永田・小畑コンビの分裂、対立という観点から考えるとき、単なる権力闘争とする見方はもっと大事なところを見落とすことになる。バーデンバーデンいらいの同志、互いに人間性をとくと知り合っている分別ざかりの二人の軍人が、立身出世主義や個人的な好悪の感情によって敵対したとしてしまっては、あまりに浅はかな歴史認識となってしまうのである。

永田・小畑の対立の根本には政策上の大問題がすえられていた。それは対ソ連戦に関する国家国防の政戦略に、直接的な影響を及ぼすほど重大な意見対立であった。
それが決定的となったのは、昭和八年六月のことである。このとき陸軍中央は、画期的な軍制改革の断行にさきだち、もっとも危険な仮想敵を想定し、これに対する戦略戦術を考究する秘密会議をひらいている。このとき、それまでさまざまな点でこじれ、くすぶりつづけていた永田・小畑の間が、一挙に火を噴《ふ》いた。完全に正面衝突をして、互いに一歩も引かなくなった。

その後、永田・小畑の抗争は、喧嘩両成敗的な形で一挙にケリがついた。ふたりとも参謀本部から出されることになる。

（『指揮官と参謀　コンビの研究』）

注（１）小畑敏四郎：１８８５（明治18）～１９４７（昭和22）年。大正昭和期の陸軍軍人。１９２６（大正15）年参謀本部作戦課長、32（昭和７）年陸大校長、36（昭和11）年中将。同年の二・二六事件後、皇道派の中心人物として、粛軍人事で予備役。

（２）岡村寧次：１８８４（明治17）～１９６６（昭和41）年。大正昭和期の陸軍軍人。関東軍参謀副長、第２師団長などを経て、１９４１（昭和16）年陸軍大将となり、北支那方面軍司令官。44（昭和19）年支那派遣軍総司令官となり、大陸打《だ》通《つう》作戦を指揮。

（３）満洲事変：１９３１（昭和６）年９月18日柳条湖事件に始まった日本軍の満洲侵略戦争。翌年3月1日満洲国の成立を宣言。

（4）バーデンバーデンの一夜（密約）：1921（大正10）年10月27日、スイス公使館付武官・永田鉄山、ロシア大使館付武官・小畑敏四郎、欧州出張中の岡村寧次の3人（全員陸軍士官学校16期）が、南ドイツのバーデンバーデンにて来るべき戦争に向けて陸軍改革を誓い合ったとされる出来事。

（5）荒木貞夫：184ページ参照。

（6）皇道派・統制派：昭和初期の陸軍の二大派閥。ともに陸軍主導の国家運営を目論んでいたが、前者は精神主義的で、後者は軍内の統制を重視した。

永田鉄山：1884（明治17）～1935（昭和10）年。大正昭和期の陸軍軍人。スイス駐在中の1921（大正10）年、ドイツで小畑敏四郎、岡村寧次らと盟約を結び、のちに省部中堅幕僚の横断的結合組織、二葉会を結成。30（昭和5）年軍務局軍事課長、34（昭和9）年軍務局長。国家総動員体制の基礎をつくるのに辣腕《らつわん》を振るった。統制派の中心人物であったため、翌年、皇道派の相沢三郎中佐により軍務局長室内で斬殺される。陸軍中将。

■石原莞爾
昭和陸軍最高の天才にして満洲事変の首謀者

陸大出では珍しい戦略家タイプ

対米開戦時に**東條**（**英機**）[1]の副官を務めた西浦進（34期）は戦後になって、同期の堀場一雄、服部卓四郎と三人で、戦時中の陸軍の名将を五人選んだことがあったそうです。そのとき全員一致で**石原**を一位に選んだ。ちなみに二位は**板垣征四郎**[2]、三位は**阿南惟幾**《これちか》[3]（18期）、四位は**今村均**[4]、五位が**安達二十三**《はたぞう》[5]（22期）の順でした。

石原は授業をほとんどサボって別の本を読み、試験前にザッと見るだけで、それでも陸軍大学校を二番で卒業した。

陸大教育の内容を考えていくと、石原莞爾のようなユニークな人材が出たのは希有《けう》なことですね。

西浦進は「石原さんはとにかく何でもかんでも反抗するし、投書ばかりしているし、何といっても無礼な下戸だったから」と言っていました。軍人のくせにお酒を飲まずに周りを冷たい眼で見ている、だから嫌われるのも当然だ、と。

結局彼は自分の外に広げた人脈ばかりを頼り、軍内部に頼れる同志を作ることができませんでしたね。天才は孤独だった、ということですかな。

石原が大きくクローズアップされる場面は二つ、満洲事変と支那事変。[6] 前者は事変の首謀者であり、後者は参謀本部作戦部長でありながら、事変拡大を阻止できなかった。この二点での責任は非常に重い。

それはきちんと批判しておかなければなりませんね。彼が満洲事変でなし崩し的な成功を収めてしまったことが、軍人は上からの統制に反しても大功を収めればいい、という悪風を陸軍内部に蔓延させるきっかけを作ってしまった。

（「昭和の陸軍　日本型組織の失敗」）

満洲国は石原の思想を体現するもの

戦争に負けるまでの二十世紀前半の日本は、満洲問題をその根底に抱えており、その満洲国こそ紛うことなき**石原莞爾**の思想が体現されたものだったのです。その満洲を、石原莞爾は壮大な構想[7]の下に作ったのです。しかし、彼が**東條英機**や陸軍統制派との確執もあって発言権を奪われて以降、満洲問題は日本にとっての悪性のガンに変異してしまった。

石原の戦略を推し進めれば、戦争をしなくてもよかったでしょう。

戦後憲法ができて、第九条で戦争放棄が定められたとき、彼は「もし敵が攻め込んできたらどうする」という問いに答えて「なあに、それなら蹂躙《じゅうりん》されてしまえばいい。国家なんてそんな程度のものよ」と言い切ったといいます。いっぺん業火に遭わなければ日本は再生しないんだ、という考えだったんです。心酔していた日蓮の影響もあったのでしょうが、妙に冷めた人でした。

（「20世紀　世界を動かした人々」）

朝日新聞に「戦争反対をやらんかね」

朝日新聞の『新聞と戦争』のなかで面白かったのは、昭和十八年ごろ、**東條**に反抗してすでに予備役になっていた**石原莞爾**の話を聞きに、朝日新聞の記者が行ったときのエピソードです。石原が「朝日新聞は全面を埋めて戦争反対をやらんかね」と持ちかけると、記者がびっくりして、そんなことをしたら朝日は潰れてしまう、という。潰されたって構わないじゃないか、戦争が終わったら、朝日は堂々と生き返る、と石原は答えたそうです。

（「新・東京裁判――決断しないリーダー、暴走する組織」）

その性癖ゆえに、結局、孤高の自信家

稀にみるスケールの大きさをもちながら、独立不羈《ふき》の異端児で終始した**石原**は、二・二六事件[8]や盧溝橋事件[9]のさいにその抱負を実現しようと努力するが、陸軍主流の容《い》れるところとならず、失意につづく失意を重ねる。そして昭和十六年、陸相**東條英機**と合わず、第十六師団長を最後に陸軍から放逐された。「陸軍大学創設いらいの頭脳」の秀《すぐ》れた着想を、

組織の手続きにのせて実現させる根気もなしに、たえず少数の同志だけで専行しようとする石原の性癖は、かれを孤高の自信家にすぎなくしたのである。その死は昭和二十四年八月十五日、奇《く》しくも敗戦記念日のその日であった。禅僧のごとく諦観《ていかん》して逝《い》ったという。

（『指揮官と参謀　コンビの研究』）

注

（1）東條英機：118ページ参照。

（2）板垣征四郎：28ページ参照。

（3）阿南惟幾：55ページ参照。

（4）今村均：34ページ参照。

（5）安達二十三：1890（明治23）～1947（昭和22）年。大正昭和期の陸軍軍人。1941（昭和16）年北支那方面軍参謀長、翌年第18軍司令官。戦争末期、ニューギニア戦線で転戦、45（昭和20）年9月豪州軍に降伏。47（昭和22）年ラバウル収容所で自決。地獄を戦い抜いた闘将、名リーダーとされる。陸軍中将。

（6）支那事変：1937（昭和12）年北京郊外の盧溝橋事件をきっかけに起きた日中戦争。41（昭和16）年の太平洋戦争に発展した。

（7）満洲国構想：石原が提唱した「王道楽土」「五族協和」を旨とした独立国（東洋のアメリカ）

の構想。その実は、「世界最終戦争」での日米決戦に備えるための第一段階。

（8）二・二六事件：1936（昭和11）年2月26日、皇道派の青年将校らが起こしたクーデター未遂事件。「昭和維新、尊王討奸」を掲げ、天皇親政を実現しようとした。高橋是清蔵相、斎藤実《まこと》内大臣、渡辺錠太郎教育総監が殺害され、鈴木貫太郎侍従長が重傷を負った。

（9）盧溝橋事件：1937（昭和12）年7月7日夜に始まる、北京の南西部にある盧溝橋一帯での日中両軍の軍事衝突。日中全面戦争の発端となった。

石原莞爾：1889（明治22）～1949（昭和24）年。大正昭和期の陸軍軍人。陸軍大学校卒。1922（大正11）年陸大教官在任中にドイツ駐在武官となり、将来の世界戦争が国家総力戦、飛行機を中心とする殲滅《せんめつ》戦になることを察知。28（昭和3）年関東軍土任参謀となり『戦争史大観』を著《あらわ》す。この観点から満洲事変、満洲国建設などを推進した。35（昭和10）年参謀本部作戦課長。その後、対中戦不拡大を主張して東條英機と対立し、41（昭和16）年第16師団長を罷免される。陸軍中将。

■板垣征四郎
■石原莞爾
満洲事変を演出した片や胆力、片や知謀のコンビ

板垣・石原以後の陸軍は、下剋上と謀略優先の集団になりはてた

板垣は明治十八年、盛岡に生まれた。父は旧南部藩士。そのねばり強さは東北人のよき典型なのかもしれない。仙台幼年学校から陸軍士官学校へ。**石原**は明治二十二年、同じ東北地方の山形県生まれ、その父は旧庄内藩士。そしてこれも板垣と同じく仙台幼年学校から士官学校へ。同窓の間柄である。

ただし板垣は幼年学校・士官学校とも成績は芳《かんば》しからず。永田鉄山が優等で、ほかに小畑敏四郎、岡村寧次、土肥原賢二[1]と多士済々《せいせい》の十六期卒のなかで、はるか下位の二十五番。陸軍大学校への入学も同期生よりは三年も遅れていた。それだけに頭のよしあしにある種のコンプレックスをもっていた。

一方の石原は幼年学校首席、陸士（21期）こそ十三位とやや振るわなかったが、陸大は恩賜の軍刀（二位）をもらって卒業。本当は陸士・陸大ともに首席の成績だったが、行儀作法が悪かったからとか、天皇への御前講義で山形のズーズー弁が出ては困るから二番に下げたとか、そんな伝説つき。つまり型にはまった学術優等・品行方正の将校ではなかったのである。

石原の不遜不羈《ふそんふき》の異端児ぶりは、その軍歴についてまわった。過度の自信をもち、あたりかまわず、遠慮会釈なしに他を酷評する峻烈さは、いくら序列本位の陸軍とはいえ、自然と敬遠される。いったんこうと信ずれば反抗も事としない行為は多くの人に嫌われた。関東軍作戦参謀までの歩みは、だから、陸大優等卒としては異例の二流コースといっていい。しかし、その人間は純真で、毒気がなく、また創意に富む異材であった。

板垣は、石原より二年早くビリに近い成績でやっと陸大を出た。だから参謀本部支那課の部員としてわずかに陸軍中央に勤務することはあったが、ほとんどが第一線の部隊勤務で通してきた、いわば酸《す》いも甘いも噛《か》みわけた実戦的な軍人であった。鋭さにかけては疑問符がつくが、親分肌で、そのねばり強さと実行力にかけては、陸軍部内でも定評があったのである。なによりも名利を蟬脱《せんだつ》していること、そして承知でみずからロボットになりうることが強味であった。

板垣の満蒙問題解決に対する考え方は、実に単純であったという。長春（新京）のホテルで独特な世界観をもつ石原から丹念な説明をうけたとき、例によって酒ですっかり紅潮させた顔をさらに火照《ほて》らせて、

「そうか、満洲だけに限定するのか、王道政治が目標か。わかった、わかった。それでいこうじゃないか」

と心から共鳴してしまったのである。

こう見てくると、昭和四年（一九二九）五月、張作霖爆殺[2]で退役処分になった**河本大《こうもとだい》作《さく》**[3]大佐の後任として板垣が関東軍高級参謀に赴任してきたことは、マルス（軍神）の最大のいたずらだったような気がする。天才的ともいえる智謀と、それをうけて何があっても実現してみせようというねばりと胆力、このどちらが欠けていても、昭和史を激動へ導く

転換点をつくりえなかったであろう。

石原の板垣評はこうである。「板垣さんの足に、もし、ブスッと、針をつき刺したとしたら、板垣さんは、一時間ばかりたってから、はじめてアッ痛いと気がつく人だよ」

大賢か、大愚か、板垣の人物の大きさをたとえた石原一流のたとえ。その力量は鋭敏な部下をえて光を放つ。

また、板垣の石原観は――、

「石原君は日本陸軍でも有名なナポレオン研究家で、戦略知謀にかけてはまず独歩といってよい。満洲事変の作戦は石原君の平素の研究に基づく点が多い。世の中のことは、頭のよい人に案をたてさせておいて、時がきたら、それを皆で実現していくところに発展性がある。小我を張るのは禁物だよ」と。

だが、板垣・石原の結びつきがもたらしたものは何であったろうか。たしかに石原の戦略史観は卓抜しており純粋だった。だが計画の根柢《こんてい》には理想主義でありすぎ、甘さがつきまとっていた。いかに既成財閥を満洲に入れないとしても、その王道楽土の夢は簡単に打ち砕かれる。結局は日本の満洲独占であり、石原が去ったあとは関東軍の満洲政治の壟断《ろうだん》であり、そして国家的信用の失墜であったのである。しかも残されたものは長大な国境線と、五カ年計画で増強されたソ連軍に対決する軍事的危殆《きたい》でもあった。

しかもそれ以上に、二人の結びつきがもたらしたのは、軍人の第一義は、統制に反しても大功を収めることにある、という悪弊を陸軍内部に残したことである。陸軍刑法第三十八条に「命令ヲ待タズ故ナク戦闘ヲ為シタル者ハ死刑又ハ無期……」とあるにもかかわらず、勲功さえたてれば、どんな下剋上《げこくじょう》の行為を犯そうが、やがてこれは勲章ものとなるのである。そしてそれを抑制しようとした上官たちは追いはらわれ、板垣・石原の統制不服従の徒輩が軍中央に坐り、新たな統制者になりうるのである。これ以後の陸軍は、そんな下剋上と謀略優先の集団になりはてる。

このコンビの残したものは、致命的に大きかったというほかはない。

（『指揮官と参謀　コンビの研究』）

注

（1）土肥原賢二：１８８３（明治16）～１９４８（昭和23）年。大正昭和期の陸軍軍人。中国通で陸軍の代表的な特務機関長の一人。１９３１（昭和6）年奉天特務機関長となり同年の満洲事変直後、奉天市長に就任。同年11月中国人に反張学良暴動を起こさせ（第1次天津事件）、その混乱に乗じて清朝最後の皇帝溥儀を満洲に脱出させ、のちに満洲国皇帝に擁立。35（昭和10）

年土肥原＝秦徳純協定を結び、華北分離をはかり、冀東《きとう》政府を樹立。第５軍司令官、陸軍士官学校長を歴任後、41（昭和16）年大将。敗戦後、東京裁判でA級戦犯となり死刑。

（２）張作霖爆殺事件：１９２８（昭和３）年６月４日、中華民国陸海軍大元帥張作霖が、奉天近郊で関東軍参謀河本大作大佐の謀略で爆殺された事件。河本は張をあやつって満洲独立を企てたが、張が従わないとみて敢行。当時の田中義一首相は天皇にとがめられ、総辞職。

（３）河本大作：１８８３（明治16）〜１９５５（昭和30）年。大正昭和期の陸軍軍人。１９２６（昭和１）年大佐、関東軍参謀。28（昭和３）年張作霖爆殺事件の首謀者。翌年停職処分、退役後は満洲炭鉱株式会社理事長、山西産業社長。戦後、中国軍に捕らえられ、太原収容所で病死。

板垣征四郎：１８８５（明治18）〜１９４８（昭和23）年。大正昭和期の陸軍軍人。本庄繁が関東軍司令官となると、奉天特務機関長となり、１９３１（昭和６）年作戦参謀石原莞爾とともに満洲事変を引き起こす。その後、関東軍参謀長、師団長を歴任。38（昭和13）年第１次近衛文麿改造内閣で陸相、平沼騏一郎内閣でも留任。敗戦後、東京裁判でA級戦犯となり絞首刑。陸軍大将。

■今村均
戦犯裁判で裁判官までが味方した陸軍最高の人格者

今村ほど部下に褒められる人は見たことがない

小沢（**治三郎**）[1]さんは陸軍に好かれ、海軍部内あるいは部下の評判の必ずしもよくなかった人ですが、**今村均**さんは誰からも愛され、あの毒舌家の**大宅壮一**[2]さんまでもが褒めている希有な陸軍軍人です。

今村さんは太平洋戦争[3]開戦時は第十六軍司令官として、オランダ支配下にあったジャワの攻略にみごと成功します。司令官としてジャワに軍政をしいている間、ジャワは平穏でした。当時、従軍記者として滞在していた大宅さんによると、オランダ植民地時代、固く禁じられていたインドネシア独立の歌「インドネシア・ラヤ」（後に国歌）を解禁しただけでなく、日本で「インドネシア・ラヤ」のレコードを山ほどつくって送らせて、ジャワ人にタダで配って喜ばれたそうです。ジャワ人と日本軍との交流もなごやかで、大宅さんも、「これがほんとの皇軍のあり方だ」と感心したそうです。

昭和十七年十一月、ソロモン諸島の戦局の悪化を受け、方面軍司令官としてラバウルに転任します。後任に代わった途端、大本営命令どおりに軍律が厳しくなり、「インドネシア・ラヤ」など厳禁、独立運動にかかわるジャワ住民がボンボンと留置場にぶち込まれるようになります。昭和十八年にはジャワ全土がすっかり反日的になって、せっかくの今村さんの軍政の功績が台なしになった。大宅さんは「もうここにいてもしようがない」と思い帰国したそうです。

今村さんほど部下に褒められる人は見たことがありません。普通は、性格が合うかどうかというだけでなく、陸軍には統制派だの皇道派だのといった派閥があったりして、けなす人がどこかにいるものだけど、今村さんだけはけなす人がいなかった。

戦後、オランダからはジャワの軍司令官として、オーストラリアからはラバウルの方面軍司令官として、戦犯裁判にかけられます。オランダの裁判は無罪でしたが、オーストラリアの裁判では禁固十年、スガモプリズンに収容されます。ところが今村さんはかつて南方で共に過ごした部下たちが放って置けず、昭和二十五年、自ら服役を願い出て日本から南方にあるマヌス島の収容所に赴いたのです。今村さんが到着したとき、「閣下！　よくいらした」とみなが号泣したそうです。後に彼らから、「あんなに力づけられて生きる気になったことはない」という話をずいぶん聞きました。そういう人格者がいて、だれからも大いに好かれたというところを見ると、悪玉として批判されることの多い陸軍も捨てたものではありません。

その後、今村さんに実際に会ってみたら、実に好々爺《こうこうや》でした。聞けば、何でも教えてくれるんです。「あのとき、こうすればよかった」なんていうことはあんまり言わなかったけども、「あのとき、私は大間違いをしました」なんて、自分の過《あやま》ちも包み隠さずしゃべってくれました。

古巣をかばうことなく、「ああ、あの人は野心家で、ああいうのが上に立つのはよくありません」なんて、軍の悪いところも指摘しました。「歴史というのは、私たちみたいな責任ある人間がきちんと全部しゃべらないと嘘ばかり残りますね」と言うぐらい、隠し事の一切ない人でした。「でも、大体みんな人間というのは保身があるし、隠さざるを得ないところは隠しますよねえ」なんて言ってね（笑）。

大らかな人でした。酒はあまり飲まなかったけど、健啖《けんたん》家でした。権謀術数、派閥抗争やら出世争いやら、足の引っ張り合いが日常であった昭和の陸軍という組織の中で、こんなに飾らない人がよく大将にまで上りつめたものです。

戦前戦後を通してブレなかったのはその「正直さ」によるものでしょう。

（「半藤さんが出逢えた、ブレなかった日本人」）

裁判官までが被告の今村大将の味方をした

今村さんのオランダ政府の戦犯裁判では、出頭したすべての参考人が、戦闘においても、占領中も何の不法行為もなしと証言したんです。死刑を主張する検事に対して、裁判官までが被告の今村大将の味方をした。まあ、オランダとしても、立派な軍人であることが明白な今村さんを、死刑にしたらフェアじゃないと考えていたのでしょう。

今村さんはすでに六十三歳ぐらいだったでしょう。マヌス島の旧部下たちは、「われらの父、帰る」と、泣いて歓迎した。こういう素晴らしい人がいますから、われわれも救われた気になりますね。

（「指揮官たちの戦後」）

注

（1）小沢治三郎：92ページ参照。

（2）大宅壮一：1900（明治33）〜1970（昭和45）年。社会評論家。東京帝国大学文学部に入学し、在学中から文芸評論家として頭角を現す。社会主義に傾いていたが、検挙され転向。太平洋戦争中は軍の宣伝活動に協力。1950（昭和25）年頃からジャーナリズム界に復帰、社会評論を旺盛に展開した。昭和30年代には「マスコミの三冠王」と称された。

（3）太平洋戦争：第2次世界大戦において日本が行った戦争。1941（昭和16）年12月8日の真珠湾攻撃と英領マレー半島への奇襲にはじまり、45（昭和20）年9月2日の降伏文書調印により終結した。開戦にあたってのアメリカへの通告は真珠湾攻撃の事後となり、イギリスへは通告しなかった。45年8月15日天皇がポツダム宣言の受諾と終戦をいわゆる玉音放送で全国に公表した。

今村均：1886（明治19）〜1968（昭和43）年。大正昭和期の陸軍軍人。1941（昭和16）年第16軍司令官としてジャワ、翌年第8方面軍司令官としてラバウルに。戦後は自ら希望してマヌス島に赴き、部下と共に「戦犯」として服役した。陸軍大将。

■山下奉文
世界を驚嘆せしめた〝マレーの虎〟

一千百キロもの距離を五十五日、戦史上まれに見る快進撃

緒戦で世界を驚かせた軍人を陸軍からあげるなら、マレー半島攻略戦[1]の**山下奉文《ともゆき》**中将（五十六歳）以外にないでしょう。

昭和十六年十二月八日に半島北端へ上陸すると、九十五回の戦闘を戦いながら、一千百キロもの距離を五十五日で進撃しました。東京から西南へ一千キロには種子島、北にあるのは網走だといえば、その距離の途方もなさがおわかりかと思います。

山下は歩兵の高速移動のために自転車部隊を編成したのです。当時日本のジャーナリズムは「銀輪部隊」と名づけた。パンクを直し直し、イギリス軍が破壊した総計二百五十本の橋梁を修復しつつの進撃ですから驚かざるを得ません。戦史上まれに見る快進撃でした。

（「太平洋戦争　連合軍が畏怖した名将の死闘」）

注

（1）マレー半島攻略戦：太平洋戦争緒戦に行われたマレー半島を南下する日本軍とイギリス軍との戦い。イギリス軍司令官Ａ・パーシバル中将は１９４２（昭和17）年2月15日に降伏。

山下奉文：１８８５（明治18）〜１９４６（昭和21）年。大正昭和期の陸軍軍人。二・二六事件に際し、皇道派幹部として反乱軍に好意的な態度をとったとされ、以後、陸軍省、参謀本部の中枢から遠ざけられる。対米英戦争開戦時のシンガポール攻略作戦を第25軍司令官として指揮、大勝利を収め、「マレーの虎」の異名をとるが、閑職にまわされる。１９４４（昭和19）年9月、戦況の悪化したフィリピンに第14方面軍司令官として赴任。敗戦後、部下の虐殺行為の責任をとり、戦犯としてマニラで絞首刑に処せられた。陸軍大将。

■山下奉文
■武藤章

〝敗軍の将〟と決し責任を死で償った将軍

「私一人で責任を背負うつもりである」

はじめから無謀の一語につきたレイテ決戦[1]に敗れ、兵力の大損耗をまねき、昭和二十年二月からは米軍のルソン島上陸を迎え、**山下**軍は北部山中に籠城し抵抗をつづける持久戦に入った。はじめ約十二万の兵力を擁した部隊も、レイテ決戦で三万を注入し、残るは九万足らず。広大なる守備範囲、食糧と弾薬もままならず、補給路なしの態勢では、ほかに戦いようもなかった。

しかし、〝敗軍の将〟と決し、山中に入った山下も武藤も、淡々として落着いていた。とくに山下からは剛直さや焦燥感がすっかりとれ、沈静不動、というより悟りのような諦《てい》念《ねん》がにじんでいた。武藤にはゆとりさえでてきた。さすがに軍政では一時代をつくった男らしく、空襲下にあえぐ国内政治の裏が見えているのであろうか。

「東京はどこまで国民を引っぱっていくつもりか、そろそろ考えていい時分ですね」

と山下に話しかけたりした。

「どこでもいい一度反撃してから、という腹なんだろうがね」

と山下が応じた。武藤は皮肉の笑みをうかべた。

「まあ、比島でわれわれが米軍を釘付《くぎづ》けにしている間に何とかしてもらいたいですがね」

*

ただ時をかせぐためのルソン籠城作戦計画では、いよいよというときには両将自刃、ということで終幕の予定であった。しかし、その前に国家そのものの降伏のほうが早かった。八月十四日夜の東京放送でそれを傍受した山下司令部では、参謀たちが、虜囚《りょしゅう》の恥かしめをうけず、また敗戦の責めを負って両将軍は自決すべきかどうかで議が闘わされた。

しかし、山下も武藤も、まったく別の意見をもっていた。

「私はルソンで敵味方を問わず多くの人間を殺している。この罪の償いをしなくてはならんだろう。祖国へ帰ることなど夢にも思ってはいないが、私が一人で先きにいっては、責任をとるものがなくて残ったものに迷惑をかける。だから私はあくまで生きて、私一人で責任を背負うつもりである」

と山下は明瞭にいい、武藤も合同慰霊祭でこう挨拶した。

「われわれの戦友の英霊は、今日の慰霊ではたして鎮もるであろうか。かれらの御霊《みたま》は、プログ山の峰に、アシン河のほとりにさ迷っているであろう。かれらは祖国の再建によってのみ慰められるであろう。このことを深く銘記して、われわれはこの祭壇の前に祖国の再建を誓おうではないか」

そして、山下はその言葉のとおり、ルソン作戦中にたびたびあった住民虐殺の責任を負い、マニラのアメリカ軍戦犯裁判で絞首刑を宣告された。このとき、武藤は憤然とし、かつむせび泣きながら弁護人を通じて、

「なぜ名誉ある第十四方面軍司令官山下大将を遇するに、銃殺刑をもってしないのか」

と厳重に抗議した。しかし通らなかった。

最後の訣別を許された武藤と会ったとき、山下はそのことを謝し、最後の言葉を残している。

「おれは大勢の人命を損耗させてしまった。かつて二十五万の兵力を擁していたのに、半数は戦死してしまった。そして残った人員を無事に日本へ帰してやるのがおれの責任だと思っていたが、今度は武藤君よ、君の責任となった。気をつけてやってくれ。これだけが最後の望みでもあり、最後の命令だ」

武藤はそれを諾《うべな》った。しかし、かれもその大任を実行するわけにはいかなくなった。連合軍から、軍務局長時代の開戦謀議の追及をうけ、東京へ呼び戻され、A級戦犯として東京裁判(2)の被告席につかねばならなかったからである。そしてかれも、山下と同様に、絞首刑の宣告をうけた。

(『指揮官と参謀　コンビの研究』)

注（1）　レイテ沖海戦：1944（昭和19）年10月フィリピン・レイテ島沖で戦われた日米海軍の戦闘。栗田健男中将率いる艦隊はレイテ湾に突入する作戦だったが、突如、反転した。その理由はいまだに不明。また、この海戦時に神風特別攻撃隊による攻撃が初めて行われた。

（2）　東京裁判：正式には極東国際軍事裁判。1946（昭和21）年5月から48（昭和23）年11月まで東京で行われた。日本の戦争指導者らが連合国11カ国によって起訴され、東條英機元首相ら7人が死刑、16人が終身禁錮刑、2人が有期禁錮刑となった。

武藤章：1892（明治25）～1948（昭和23）年。大正昭和期の陸軍軍人。1937（昭和12）年参謀本部作戦課長となり盧溝橋事件の戦線拡大をとなえる。同年11月中支那方面軍参謀副長となり南京攻略を指導。39（昭和14）年軍務局長。大戦中は近衛師団長、第14方面軍参謀長としてスマトラ、フィリピンで指揮。終戦後の48年東京裁判でA級戦犯として絞首刑。陸軍中将。

■中川州男
米軍を苦しめ続けたペリリュー島の雄

敵将が衝撃を受けた防御作戦

敗色濃厚となった昭和十九年以降の玉砕戦に焦点を当てます。

大本営は「攻撃は最大の防御なり」でもともと防御作戦をあまり真剣に考えていませんでした。昭和十九年からアメリカ軍が太平洋を攻め上がってきたときは、敵の上陸を海岸線で叩くという水際作戦が机上でつくられ採用されることになる。けれども艦砲射撃、航空攻撃の圧倒的な火力の前に日本軍の水際防御はサイパン、テニヤン、グアムと瞬く間に潰されて、たちまち占領を許すことになってしまいました。

意気あがるアメリカ軍は、昭和十九年九月十五日、フィリピン侵攻の拠点としてペリリュー島[1]に攻撃をしかけてきました。

「わが軍は日本軍にたいして人員で七倍、小銃は八倍、機銃は六倍、火砲三・五倍、戦車十倍。戦闘は短期間で終わるものと確信する。三日間、あるいは二日で終わるかもしれない」

アメリカ軍の師団長**ルパータス**少将(2)は、そう豪語したそうです。ところが戦闘は十一月二十四日まで、いや正確には三年後の昭和二十二年四月二十一日、残存日本兵三十四人が戦いをやめるまで続けられることになるのです。指揮官は歩兵第二連隊長、**中川州男**《くにお》大佐でした。このとき四十六歳の中川は新たな防御作戦に打って出たのです。

中川は陣地構築に全力を傾注しました。廃坑をうまく利用してつくった陣地は強固で、島を揺るがす砲爆撃にも、人員、兵器ともほとんど損害をうけることがありませんでした。そして守備隊は大反攻を開始。上陸第一日目の夜を迎えた米軍には、早くも死傷一千三百人近くの大損害がでていました。

師団長ルパータスにとって上陸後の戦闘は驚きの連続となった。日本軍陣地は予想もしないところに築かれておりこれまでのようにバンザイ突撃をしてこない。夜間だけ行なわれた少数の斬り込み隊はとりわけ米兵たちを震え上がらせたようです。上陸二週間の時点で米第一海兵連隊は、指揮下の三個大隊がどれも五十五パーセント以上の損害をうけ、ついに戦闘能力なしと判定され後退を命じられるほどでした。

日本軍は損害を少しずつ大きくしながらも、なお頑張った。じつは中川連隊の奮闘は、敵のみならず味方をも驚かせた。大本営は元気づき「ペリリューはまだ落ちない」が朝の挨拶がわりとなったといいます。**天皇**も毎朝侍従武官に、「ペリリューはどうなったか?」と聞いたのだそうです。

しかし、いかに戦い抜こうにも限度がある。十一月二十四日、中川は軍旗を奉焼し、部下にゲリラ戦続行を命じてついに自決しました。かれが死にのぞんで副官に言った最後の言葉が伝えられています。

「軍人は最後の最後まで過早の死を求めず、戦うのが務めというものだ」

(「太平洋戦争　連合軍が畏怖した名将の死闘」)

注

(1)　ペリリュー島の戦い:ペリリュー島はパラオ共和国南部に位置する隆起サンゴ礁の島。1944(昭和19)年9月15日~11月27日にかけて日本軍守備隊とアメリカ軍の戦闘が行われた。アメリカは3日で攻略する予定だったが、日本軍の頑強な抵抗に遭い、2カ月半を要した。

(2)　ウィリアム・ルパータス:1889~1945年。アメリカの海兵隊の軍人。第1次世界大戦で戦艦「フロリダ」に乗艦。１９２９年中華民国に派遣、第２次上海事変の際には第４海兵連隊大隊長。42年第１海兵師団副師団長としてガダルカナルの戦いに従軍、44年師団長としてペリリュー島の戦いに従軍。45年心臓発作で死去。

中川州男：１８９８（明治31）～１９４４（昭和19）年。昭和期の陸軍軍人。１９４３（昭和18）年３月大佐に進級、同年６月歩兵第２連隊長として満洲からパラオ諸島に向かう。歩兵第２連隊はペリリュー島に配備、中川は守備隊長となる。同島を長くても３日間で攻略できると豪語したアメリカ海兵隊を相手に71日間にわたって対戦した。戦死後、陸軍中将。

■栗林忠道

硫黄島で孤軍奮闘した英雄

硫黄島戦は米軍の損害が日本軍をうわまわった唯一の戦い

世界を驚かせた守備戦・玉砕戦の指揮官としては、**栗林忠道**中将があまりに有名です。硫黄島戦(1)は米軍の損害が日本軍をうわまわった唯一の戦いで、その善戦力闘は米軍をどれほど驚愕させたことかわかりません。そしてこの栗林の戦法も、水際作戦を放棄し塹壕《ざんごう》をつくり、過早の突撃は許さないというものでした。あるいは**中川**（**州男**）のペリリュー戦法が手本になっていたのではないかと、わたくしは思います。

（「太平洋戦争　連合軍が畏怖した名将の死闘」）

自ら最前線に赴いて戦った最高の指揮官

私はそもそも、なぜ**栗林**が小笠原諸島の守備を担当する第百九師団に配属されたのか疑問をもっています。栗林は陸大を二番で卒業した秀才ですから、一般的には作戦部など軍の中枢を担うべき存在でしょう。**東條**に嫌われて硫黄島へ左遷されたという説がありますが、真偽のほどは分かりません。

巷間《こうかん》、言われているのは、近衛師団長だったときに部下が火事を出したためその責任をとって硫黄島へ行かされたという話ですね。ただ自ら責任をとったのか、それともとらされたのかは藪《やぶ》の中です。

栗林が立派なのは、自分も硫黄島に赴いて、部下と一緒に戦ったことです。栗林は小笠原兵団の司令官なのですから、小笠原諸島の中心である父島にいてもよかった。父島から指揮をとっても誰も批判などしないでしょう。ところが自ら最前線に赴いて戦った。軍人としては最高の姿勢です。

もう一つ素晴らしいのは、どういう目的で戦っているのかという指揮官の意志を、全軍に周知徹底させていることです。例の「敢闘の誓」などで、戦い方の方針をガリ版刷にして各部隊に配った。
（「昭和の陸軍　日本型組織の失敗」）

注（1）　硫黄島の戦い：１９４５（昭和20）年２月19日、ハリー・シュミット海兵隊少将率いるアメリカ海兵隊６万１０００人と、栗林忠道陸軍中将率いる日本守備隊２万２０００人の間で行われた戦い。小笠原諸島に属する硫黄島は東京とマリアナ米軍基地との中間にあったため、米軍にとっては日本本土空襲の中継基地もしくは出撃基地として重要拠点に位置付けられた。

栗林忠道：１８９１（明治24）〜１９４５（昭和20）年。大正昭和期の陸軍軍人。カナダ公使館付武官、第23軍参謀長などを歴任。１９４４（昭和19）年第１０９師団長となり、２万２０００人の将兵とともに硫黄島の守備にあたる。45年上陸してきたアメリカ軍と戦い、敵軍に約２万９０００人の死傷を与えたのち、残兵８００人で突撃し守備隊は全滅。死後、大将。

■宮崎繁三郎
連戦連勝の猛将にして温情の将軍

負傷兵を置き去りにするなと、自ら担架を担いだ

私が主として昭和三十五、六年ごろに取材で会った軍人たちの中で、非常に印象的だったのが、**宮崎繁三郎**さんです。宮崎繁三郎中将といえば、ノモンハン[1]のときから連戦連勝、悪名高いインパール作戦[2]でも唯一快進撃を続けてコヒマを占領した猛将ですが、お会いしてみると風采の上がらない、ニコニコした小柄なハゲ頭のおじさんでしてね。全然、歴戦の軍人らしくないんですよ。華々しい戦闘の話を聞きたいのに、そういう話はしたがらない。復員のとき可愛がっていたサルをラングーンに置いていかなきゃならなくて、哀しい別れをしたという話しかしてくれませんでした。「チビ」というそのサルの話になると、涙を浮かべるんです。

下北沢駅前マーケットで岐阜屋という瀬戸物屋をやっていましたが、近所の人も知らなかったみたいですね。三年間、赤字続きで、ようやくなんとか黒字になりましたと、笑いながら語ってくれました。取材中にも客が来ると、一所懸命に茶碗などを売っていました。

部下にも慕われていました。「宮崎閣下の下で戦えて本当によかった」と、皆さん口を揃えて言ってましたね。とにかくものすごい雨と泥濘《でいねい》の中、殿軍《しんがり》を受け持って、英印軍の猛進撃に応戦しながら退いていく。負傷兵を置き去りにするなと、自ら担架を担いだ。自分の部隊ばかりでなく、よその部隊の負傷兵が倒れているのを見つけると助けて連れて帰った温情の将軍ですから。

（「指揮官たちの戦後」）

注

（1）ノモンハン事件：128ページ参照。

（2）インパール作戦：1944（昭和19）年3月牟田口廉也《むたぐちれんや》中将指揮下の第15軍が、ビルマから二手に分かれてインドのインパールとコヒマを目指した作戦。参加兵力約8万5000のうち約3万の戦死者が出た。無謀な作戦と批判した現地の師団長らは牟田口司令官によって解任された。

宮崎繁三郎：1892（明治25）〜1965（昭和40）年。大正昭和期の陸軍軍人。台湾軍参

謀、上海特務機関長などを経て、1943（昭和18）年第31師団の歩兵団長。44（昭和19）年のインパール作戦では宮崎支隊を率いて英軍相手に孤軍奮闘する。同年中将、第54師団長となる。

■阿南惟幾
最後まで陸相の責を務めて切腹した天皇の忠臣

大陸軍の歴史のうちのもっとも偉大にして崇高な任務を遂げた

終戦の詔書案にあるひとこと「戦勢日に非にして」をめぐって、激論が交わされた。阿南陸相は「戦局好転せず」にせよと主張し一歩も譲らなかった。

陸相はこの一点に関するかぎり強硬で、たとえ孤立無援であろうと、譲ろうとはしなかった。最後のときにおよんで、なにが彼をこれほどまで強引にさせているのかと、閣僚たちが訝《いぶか》しく思うほどに、毅然として、自説を主張しつづけた。やがて閣僚たちも陸相の辛い立場を理解するようになった。彼がもっともおそれていたのは部下の暴挙である。威令行なわれざる最後の皇軍、陸相は誰よりもそうした悲しい現実の認識が深かった。大多数の忠誠な将校たちにとって、陸軍の崩壊は彼らの思想、信念の根柢《こんてい》までを揺さぶり、彼らははじめて内面の戦いに直面した。終戦にさいしどうあるべきか、なにをなすべきかに迷い、おのれの道を失っているものが多かった。忠誠とはなんであったか。これらの部下たちを絶望的な混乱から救い、身をもって正しい決断にみちびくために、陸相は必死の努力を傾けている。なにより彼らに〝栄光ある敗北〟をあたえてやらなければならない！

　軍人としての阿南惟幾大将はどちらかといえば教育畑を歩きつづけた地味な将軍であった。華々しい第一線の武勲は、彼の場合、まったくといっていいほどなかった。わずかに百九師団長時代の、中国山西省路安城攻撃における放胆な戦いが光っている。しかし、いま全軍の輿望《よぼう》を一身に荷《にな》い、これから彼がなしとげようとしている仕事は、大陸軍の歴史のうちのもっとも偉大にして崇高な任務といってよいであろう。奉天会戦[1]や旅順港要塞[2]での先人がやりとげた大勝利よりも、はるかに偉大なものであろう。いま新しいそして重い責任をおって陸相は、半歩たりとも退こうとせず、苦しい仕事に着手しているのである。

（『日本のいちばん長い日　決定版』）

最後のどんづまりになって、一番の適役だった統率者

終戦時の陸軍大臣は**阿南**だった。

一言でいえば、最後のどんづまりになって、一番の適役が残っていたということです。阿南は派閥にも関係ない。頭も特別優秀というわけではなく、理論より行動の人。ただ懸命に軍隊のことを考えていた人格者です。

（成績は）非常に悪いです（笑）。陸大受験に三回失敗していますから。（戦果も挙げていない）それでも陸軍大臣になったのは時代が彼を呼んだからでしょう。陸軍の出方によっては、終戦時に大きな混乱が起こったかもしれない。実際、宮城《きゅうじょう》事件というクーデターが起きて、中堅軍人が天皇を擁して宮城に籠もり、玉音盤を奪おうとした。そうした動きが拡大しなかったのは、阿南がまがりなりにも軍を統率していたからでしょう。

昭和天皇の「ご聖断」をうけて、「自分としては、もはやこれ以上、反対申し上げることはできない。不服の者は自分の屍《しかばね》を越えてゆけ」と部下に訓示し、敗戦の責任を負って自決しました。

（「昭和の陸軍　日本型組織の失敗」）

阿南の遺言「米内を斬れ」の意味するもの

あのとき（『日本のいちばん長い日』）に、書かなかった、正確には書くことができなかった事実がいくつかある。その大きなことの一つに、八月十四日夜、切腹を前にして、傍らにいた軍務課員竹下正彦中佐に洩らしたやや理解しかねる**阿南**陸相のひと言がある。

「**米内《よない》**（**光政**）を斬れ」

これである。いまになれば多くの人に知られているこの言葉も、当時にあっては旧陸軍内部において厳重に封印されていた。自刃した陸相の名誉を守るためにか、これ以上に陸軍が悪玉になるのを欲しなかったのか、さまざまに解せられる。けれども、超一級の史料にそれはハッキリと残されている。

＊

その後、この言葉について竹下元中佐はこう語っていたという。

「この一言に、とくに深い意味があったとは思わない。かなり阿南は酔っていたし、このあとすぐ話題はほかに移ったことからも察せられる」（児島襄『指揮官』、角田房子『一死、大罪を謝す』）

当時の陸相を知る旧軍人たちも、無意識の一言とも戯《ざ》れ言《ごと》ともいい、ひとしく竹下説を肯《うべな》っている。それほどに意味のない言葉であったであろうか。

なるほど、陸相みずからがいうように、その生涯は悔いのない、まことに堂々たるものであった。それをいえば、米内海相のそれも堂々たるの一語に尽きる。いま、国が滅びようとしているとき、それを救わんとする二人の軍人の間には精魂をこめた闘争があった。それは戦争観、国家観の相違に帰せられるかもしれない。**鈴木貫太郎**内閣の発足いらい、それぞれが自分のもっている〝忠誠心〟にしたがいぶつかり合った。その考え方の根本的な開きが、敗戦という現実を前に、「斬れ」の言葉に象徴される悲劇的な対立となった、そうとるべきじゃないか。

八月九日、ポツダム宣言受諾をめぐって、最高戦争指導会議は紛糾した。鈴木首相、米内海相、**東郷**（**茂徳**《しげのり》）外相は、一、国体護持のみを留保条件として受諾説をとる。阿南陸相、**梅津美治郎**《よしじろう》参謀総長、**豊田**（**副武**《そえむ》）軍令部総長は原則として受諾は認めるが、ほかの三条件を付すべきことを主張した。二、保障占領区域の制限、三、武装解除と、四、戦犯処置とは、日本人の手に任せることと、であった。論議はすこぶる静かなものであったというが、戦争終結への過程でもっとも緊張したときである。

受諾に関する詔書案の字句をめぐっては、米内と阿南の間には激しいやりとりがあった。

*

こうしたすべての論議の結論は周知のように**天皇**その人がつけた。

「これ以上戦争をつづけることは、わが民族を滅亡させるのみならず、世界人類をいっそう不幸に陥れるものである。自分としては国民をこれ以上苦しめることは忍びないから、速やかに戦争を終結せしめたい」

この聖断があって、歴史の流れは承詔必謹という大方針の方向へいそぎだす。

しかし、と陸相は屈することなく考えつづけたのである。和平派のいうところは国体の護持のためであるが、その腹をさぐれば、自己保全以外の何ものでもないのではないか。一つの情報として、側近に語ったという米内の言葉も陸軍の耳に入ってきている。

「原子爆弾やソ連の参戦は、ある意味では天佑だ。国内情勢で戦いをやめるという非常手段をださなくても済む。私がかねてから時局収拾を主張する理由は、敵の攻撃が恐ろしいのでもないし、原子爆弾やソ連参戦でもない。国内情勢の憂慮すべき事態が主である。今日、その国内情勢を表面に出さなくて収拾ができるというのはむしろ幸いである」

米内のいう憂慮すべき国内情勢とは何か。いま日本の上層部は、明らかに革命を恐れている。内大臣**木戸幸一**や**近衛文麿**や**岡田啓介**そして米内たち和平派が心から憂慮しているのは、本土決戦にともなう国内の大混乱であり、それに乗じての革命である。その動きの危険性は如実にあると予測する。ゆえに和平派が望むのは、革命より敗戦を！　なのである。

その上に和平派が守ろうとする天皇とは？　彼らは憲法によってその統治権を制限されているこの天皇制度をよしとする。ここまで追い詰められれば、速やかに戦争を終結することによって、軍部や絶対天皇主義勢力を切捨てて、ともかく天皇制の型を残すことで、なんとか自分たちの機構の存続を図ろうとしている。結果として、降伏することで、あるいは天皇退位、新天皇の即位ということになるやもしれない。それもやむなしとしよう。共産革命などが起こっては身も蓋もないからである。そのために天皇を見捨てる——陸相を中心とする中堅将校たちの和平派にたいする判断は、多分に右のごとくであったことであろう。

馬前に死すことを無上の栄誉とする股肱《ここう》の軍人でありながら、これに与《くみ》した現役の軍人たる米内海相を、阿南さんはついに許すことができなかった。天皇の身柄安全の保障なくして、漠たる期待によって、革命を恐れるあまり、いや保身のために、終戦を推進するとは何たることか。忠誠な軍人の陸相からすれば、これ以上の不忠はない。

『機密戦争日誌』には、遺書についてこう記されている。

「遺書ハ、『一死以テ大罪ヲ謝シ奉ル、昭和二十年八月十四日夜、陸軍大臣阿南惟幾』ト既ニ書キアルヲ示サレシガ、裏ニ、更ニ『神洲不滅ヲ確信シツツ』ト書キ足サレタリ」

天皇の将来の保障は、ついに得られなかった。保障のないままに日本陸軍は無条件降伏をする。その罪は軍人として、万死に値するのである。もし神洲が不滅でなかったそのときは、不忠の軍人・米内を斬るべし。しかし、なすべきことはすべてなしたあとのいまは、国家の不滅を確信するのみ——と阿南さんはそう考えたのであろう。

八月十五日、天皇放送が終わったあとの、午後二時、鈴木内閣の最後の閣議が召集された。軍刀を杖にゆったりと座っていた一人の男の姿は、居るべきところにはなかった。その空席を見やりながら、鈴木首相は目をしばたたきながらいった。

「阿南陸相は忠実に政府の政策に従われた。陸軍大臣が辞表を提出されたならば、わが内閣は即座に瓦解したことであろう。阿南大将が辞職されなかったので、われわれはその主目標、つまり戦争終結の目的を達成することができた。わたしは、そのことを陸相に深く感謝しなくてはならない。阿南大将はまことに誠実な人で、世にも珍しい軍人だった。実に立派な大臣であった。わたしは、その死が痛恨に堪えない」

〝軍人〟阿南にたいする最高の弔辞であったと思う。

（「60年目の『日本のいちばん長い日』」）

注

（１）奉天会戦：１９０５（明治38）年3月に行われた日露戦争最後の大規模陸上戦。死傷者はロシア軍9万、日本軍7万。日本軍は奉天を占領したが、敵主力の撃滅には失敗した。

（２）旅順要塞攻略：日露戦争において、１９０４（明治37）年に日本軍が行ったロシアの太平洋艦隊の基地である旅順港の封鎖と要塞への攻撃。敵将はステッセル。第3軍司令官乃木希典は7カ月の苦戦のすえに二〇三高地を占領し陥落させた。

阿南惟幾：１８８７（明治20）〜１９４５（昭和20）年。大正昭和期の陸軍軍人。１９３６（昭和11）年陸軍省兵務局長、翌年人事局長。39（昭和14）年陸軍次官、43（昭和18）年大将。45年4月鈴木貫太郎内閣の陸相、同年8月15日未明、割腹自殺。

【米国軍人篇】

■ダグラス・マッカーサー
日本人を知り尽くした戦略の天才

日本軍が手も足も出なかった〝カエル跳び作戦〟

マッカーサーは二十世紀を代表する人物ではないかもしれませんが、日本人にとっては少なくとも忘れちゃならない人物です。

彼はアメリカ人というよりまったくもってアジアの人、フィリピンの人なんです。「アイ・シャル・リターン」という言葉は、緒戦に日本軍に完膚なきまでに打ち破られて復讐を誓っただけではなく、彼がフィリピンに莫大な資産や権益をため込んでいた、その事実があった上での言葉なんです。

軍人としてのマッカーサーもなかなか大した人物でした。勇敢だし、彼が日本攻略の際に編み出した〝カエル跳び作戦[1]〟は天才的な作戦でした。〝虱《しらみ》つぶし〟にではなく、拠点を占拠し飛行場を作り、制空権下でまた次の拠点を占拠し、どんどんと日本本土に迫っていった。

レイテ上陸作戦が唯一の失敗ですよ。いろいろ原因はあったのですが、あのときだけは二段跳びして後悔したはずです。でも他の戦いは実に見事、日本軍はまさに手も足も出ませんでした。

（「20世紀　世界を動かした人々」）

マッカーサーが占領の総司令官だったのは日本人にとって僥倖

戦時中は、「出て来い**ニミッツ**[2]、**マッカーサー**　出てくりゃ地獄へ逆落とし」なんて唄を私も歌っていましたけど、あんなに日本のことを考えてくれる将軍だとは、誰も思っていませんでしたね。毀《き》誉《よ》褒貶《ほうへん》はありますが、総司令官がマッカーサーであったことは日本人にとってよかったのではないかと思います。
　厚木飛行場に降り立ったマッカーサーですが、拳銃ひとつ下げていない。あの写真を見た**チャーチル**[3]が、まったく武器を持たないで敵地に乗り込んで行くとは、この男は何者なんだ、と驚いたそうです。あれは日本人に対するデモンストレーションなんですよ。そうすれば日本人が彼に敬意を表することをよく知っていたんですね。
　マッカーサーは若い時、軍人だった父親に連れられて日本に来たことがあるんです。ですから日本をよく知っていたし、日本人がどういう人間なのか、他のアメリカ人よりも理解があったはずです。なろうと思えば本当に帝王になれたんですが、それをやらなかった。やったら本土のここかしこでゲリラ戦が起こった。それを承知していたと思いますよ。

（「我ら日本人の戦後史」）

注（1）カエル跳び作戦：ラバウルなど要塞化により攻略困難な日本軍の拠点を避け、サイパン島などの戦略上重要な島に戦力を集中して攻め落としていく作戦。
（2）チェスター・W・ニミッツ：87ページ参照。
（3）ウィンストン・チャーチル：253ページ参照。

ダグラス・マッカーサー：1880～1964年。アメリカの陸軍軍人。日本占領時の連合軍総司令官。第1次世界大戦に師団参謀長として参加し13の叙勲。帰国後、少将昇進、陸軍参謀総長（大将待遇）と最年少記録。44年元帥。翌年日本に進駐。農地改革、婦人解放、労働改革、新憲法をもたらした。

第二章

卓抜な軍人たち　海軍篇

■米内光政
日本を終戦に導いた昭和海軍の救い手

海軍〝良識派三羽ガラス〟の筆頭

私の持論ですが、日本が対米戦争に向かう引き返し不能点、ポイント・オブ・ノーリターンは昭和十五（一九四〇）年九月の日独伊三国同盟締結だったと思います。

実は、前年の十四年にこの問題でたいそう紛糾したのです。このいわば日本の運命の分かれ道に際し、堂々たる反対の論陣を張って一歩も引かなかったのが、**米内光政**海相、**山本五十六《いそろく》**次官、そして**井上成美《しげよし》**軍務局長の海軍〝良識派三羽ガラス〟でした。

しかも米内、井上は戦争末期にも再びコンビを組んで、日本を終戦に導きます。昭和海軍にとっては数少ない救いですね。

日独防共協定[1]が結ばれた翌月の昭和十一（一九三六）年十二月に山本が海軍次官、翌十二年二月に米内が海軍大臣、同年十月に井上が軍務局長となる。なぜ、米内がこの時期に大臣になれたのか。

意外に感じられるかもしれませんが、目立たない存在だったから、というのが本当のところかもしれません。海軍兵学校での成績も百二十五人中六十八番だし、昭和六（一九三一）年には予備役編入者リストに入りそうになっている。いわば非エリート。本来ならば朝鮮の鎮海要港部司令官あたりでキャリアを終えてもおかしくなかった。一見鈍そうであだ名も「グズ政」。**山梨勝之進**[2]や**堀悌吉**[3]たちと違って、要するに大した人材だとは思われていなかったんです。

ところが、上にいる者が次々と更迭《こうてつ》されていき、勝手に序列が繰り上がっていく。また**伏見宮**[4]は〝面食い〟といわれていて、長身、端正な容貌でしかも余計なことをしゃべらない士官を重用したとされますが、米内も、美男であまりおしゃべりでない点では、伏見宮の好みにもあいますな。

（「昭和の海軍　エリート集団の栄光と失墜」）

注（1）日独防共協定：1936（昭和11）年11月に日独間で結ばれた協定。スペイン・フランスの人民戦線の成立、中国の抗日運動の激化、ソ連を中心とするコミンテルンの強化に対応するもの。翌年11月イタリアが参加して日独伊防共協定となり、40（昭和15）年の日独伊三国同盟に発展。

（2）山梨勝之進：91ページ参照。
（3）堀悌吉：89ページ参照。
（4）伏見宮博恭王：１５４ページ参照。

米内光政：１８８０（明治13）～１９４８（昭和23）年。明治大正昭和期の海軍軍人。１９３０（昭和5）年中将、36（昭和11）年連合艦隊司令長官。翌年林銑十郎内閣の海相、大将。近衛文麿、平沼騏一郎両内閣に留任。40（昭和15）年首相就任。44（昭和19）年東條英機内閣が崩壊すると、小磯国昭内閣に海相として復帰。鈴木貫太郎、東久邇宮稔彦王、幣原喜重郎の各内閣で留任し、終戦に尽力した。

■井上成美
大局観に優れた一徹者

「三国同盟に反対ということでは、井上が一番」

米内（**光政**）は親しい友人に、「三国同盟に反対ということでは、**井上**が一番なんだよ。どんなことがあっても井上は承知しないよ」と語っていたそうです。当時、井上のもとに、三国同盟推進論者たちから「宣言」「斬奸状」といった奉書が送りつけられてきたのですが、そこに井上の文字で「何故カ？」「論理成ツテ居ラズ」といちいち赤鉛筆で殴り書きがされている。立派ですなあ。

（井上は）一度信じ込んだら絶対に曲げないところがあるから、大局的な方向性が同じならば、もともと優秀ですし、部下として横に置いておけば重宝する、と**山本**（**五十六**）は考えたのではないでしょうか。

三国同盟が結ばれるのは、昭和十五年九月ですね。その前年、昭和十四年八月には平沼内閣が総辞職し、米内も海相の座を退きます。同時に山本も連合艦隊司令長官となって、東京を離れる。十月には井上も支那方面艦隊参謀長となって転出してしまいます。

三国同盟成立時には九月に代わったばかりの**及川古《おいかわこ》志《し》郎《ろう》**[1]海相と**豊田《とよだ》貞次《ていじ》郎《ろう》**[2]次官という心もとないコンビでした。私が情けないと思うのは、三国同盟が最終的に締結されたとき、海軍が陸軍の強い主張に譲歩した最大の理由が実はおカネだったことです。最終段階で海軍は陸軍に「われわれは陸軍の言うように三国同盟締結を認める。その代わりに予算をわれわれの言う額で通してくれ」と要求を突きつけ、陸軍がそれを了解した。それこそまさに、便乗主義そのものです。

（「昭和の海軍　エリート集団の栄光と失墜」）

「陸軍が脱線する限り、国を救うものは海軍より他にない」

戦後間もなく海軍ＯＢが集まって当時を検討した、有名な『海軍戦争検討会議記録』によると、「（同盟が）出来た時の気持は、他に方法がないということだった」「陸軍はクーデターを起こす可能性あり。ひいては国内動乱の勃発を憂慮せられたり」と言い訳する**豊田**、**及川**に対して、**井上**は「先輩を前にして甚《はなは》だ失礼ながら、敢《あえ》て一言す」として、「海軍が陸軍に追随せし時の政策は、ことごとく失敗なり。二・二六事件を起こす陸軍と仲よくするは、強盗と手を握るが如し。同盟締結にしても、もう少ししっかりしてもらいたかった。陸軍が脱線する限り、国を救うものは海軍より他にない。内閣なんか何回倒してもよいではないか」と真正面から批判しています。まったくその通りなんですよ。

ただ惜しいかな、現役時には「列外の者、発言すべからず」、当該の役職以外の者は口を挟んではならないという海軍の伝統に、あまりにも忠実だったと言えるかもしれません。石原（莞爾）や辻政信[3]のようなアクの強い人物は、海軍からは出てこないのですね。サイレント・ネイビーに関連していうと、海軍の人たちは先輩、同僚の批判をほんとに言いません。井上はその稀有な例外ですが、その井上にしても、外部の人間にはほとんど口をつぐんでいたと思います。

私は井上さんには戦後、二度取材に行っているんです。横須賀の長井海岸の一軒家にひっそりと暮らしておられました。家には上げてもらえるけれど、まったく口を開いてくれない。「英語のラジオは聞いているよ」といったどうでもいいことは話してくれましたが、戦争のことを訊ねると、とにかく黙り込んでいるだけ。サイレント・ネイビーを地で行く人でしたね。

でも、そうした姿勢が、戦後の海軍への好感情につながっている面もあります。一方の陸軍はといえば、悪行の告発合戦、責任のなすりつけ合い、目を覆いたくなるものがありましたから。

（「昭和の海軍　エリート集団の栄光と失墜」）

蟄居という生き方をするのは、痛烈な責任のとり方

（戦後）蟄居《ちつきょ》という生き方をされた方は、けっこういましたね。要するに一切表舞台に出ず、沈黙を保つ。痛烈な責任のとり方ですね。「最後の海軍大将」**井上成美**にも会いに行きましたが、全然喋ってくれませんでした。米内光政は昭和二十三年に亡くなり、山本五十六は戦死してますから、海軍の国際協調派三羽がらす唯一の生き残りとして話を聞きたかったんですが。

毎年、八月十五日には朝お茶を一杯飲むだけで、終日絶食して海のほうを向いて端座していたそうです。

（「指揮官たちの戦後」）

注

（1）及川古志郎：１６０ページ参照。

（2）豊田貞次郎：１８８５（明治18）～１９６１（昭和36）年。大正昭和期の海軍軍人、政治家。ジュネーブ軍縮会議とロンドン軍縮会議の随員。１９３１（昭和６）年軍務局長。40（昭和15）年第２次近衛文麿内閣で海軍次官、翌年大将、商工相。同年第３次近衛内閣で外相兼拓相。45（昭和20）年鈴木貫太郎内閣で軍需相兼運輸通信相。戦後、貴族院議員。

（3）辻政信：126、136ページ参照。

井上成美：1889（明治22）〜1975（昭和50）年。大正昭和期の海軍軍人。イタリア大使館付武官、「比叡」艦長などを歴任し、1937（昭和12）年軍務局長に就任、日独伊三国同盟に反対。40（昭和15）年航空本部長として軍令部の大艦巨砲主義を批判、海軍の「空軍化」を主張。41（昭和16）年第4艦隊司令長官、翌年珊瑚海海戦を指揮、45（昭和20）年大将。

■山本五十六
先が見えすぎた悲劇の連合艦隊司令長官

零戦、酸素魚雷、中型攻撃機の三点セット

極論というか、仮説をひとつ披露しましょうか。私は「零戦[1]があったから、日米開戦は

起こった」と考えているんです。
というのも、昭和十六年九月に、連合艦隊司令長官として**山本五十六**が**近衛文麿**首相に会い、有名な「是非にやれと言われれば、一年や一年半は存分に暴れてご覧に入れます。しかしそれから先のことは、全く保障出来ません」という発言をしますね。この「一年や一年半は」という言葉の背景には、石油備蓄量のほかに、零式艦上戦闘機、いわゆる零戦に、射程距離四万メートルと米軍の数倍の性能を誇った酸素魚雷、そして中型攻撃機（一式陸攻）の三点セットの存在があったと思いますよ。

（「零戦と戦艦大和――世界最高兵器の栄光と悲惨」）

米国が断じた「騙し討ち」に誰よりも心を暗くした

開戦直前の**山本五十六**は、すでに諦念に達しきっていたといえる。「扼腕《やくわん》憤激、豪談の客も、多くこれ生をむさぼり、死を畏《おそ》るるの輩」と嘲《あざけ》りの言を吐き、「こうなった以上はもう仕方がないではないか。これが天命というものか」と本心を投げ棄てた。こうなれば、全力をあげて正々堂々戦うのみである……。

山本は、だから、開戦通告が予定どおりに手交されたかどうか、心から憂慮したのである。陸・海・外と東京の中心で声高に論ぜられる対米強硬論を知るだけに、「まさか」と心の片隅をよぎる一片の疑いをついに消せなかった。

それだけに、真珠湾奇襲成功の翌日、**ルーズベルト**[2]大統領が議会演説で「騙し討ち」(Sneak attack) と、低いが声量のある声でまくしたてているのを短波放送で聞いたときの、山本の心境はいかばかりであったろうか。アメリカ国民は未だかつてないくらい団結を示し、国民はひとしく激憤し、報復を誓う声が澎湃《ほうはい》として起っていると、アナウンサーが付け加えた。山本は将棋を指す手をとめて、じっと耳を傾けていたが、表情をみるみる暗くした。

謀略の疑いをもって聞いたアメリカ放送だったが、どうやら最後通牒の遅れたことは間違いない、と山本が知ったのは、その年の暮れか、十七年に入ってから間もなくであったという。

山本は、心を許した幕僚にだけはしみじみと語った。

「残念だなあ。僕が死んだら、陛下と日本国民には、連合艦隊は決して初めからそういう計画をしておりませんと、そうはっきりと伝えて欲しい――」と。

無念の歯がみが聞こえるようである。（「12月8日・山本五十六の無念」）

二十世紀を最初に実感した数少ない日本人

山本五十六の不幸は、先が見え過ぎたことだったのかもしれません。というのは、部下や同僚たちに、自分の真意をきちんと説明した、ということが、ほとんどないんです。山本長官の下にいた参謀たちの証言によると、山本さんがどういうつもりで真珠湾攻撃をしたか、実は知らなかった、というんですよ。

ある意味で、山本は二十世紀を最初に実感した数少ない日本人だった、とも言えるでしょう。アメリカ留学時代、山本は、一年間、アメリカ中を回り、「デトロイトの自動車工場とテキサスの油田を見れば、戦争をしてはいかんということが分かる」と語っている。つまり、大量生産システム、航空機、そして石油が世界を動かすことになる、と身をもって知ったのです。しかし、海軍中央はいまだに日露戦争の頭のまま。こいつらに話しても無駄だ、という思いが強かったのでは。

それでいて、山本にはカリスマ的な人望があった。部下たちからの人気があまりにも凄いので、軍令部は更迭さえできなかった。

山本五十六という人は、挫折の人でもあるんですね。というのは、兵学校を出て間もなく、候補生として日本海海戦に参加。いきなり左手の人さし指と中指を失うのです。これがもし右手だったら、引き金が引けない。軍人としてはそこで終わりだった。留学先にしても、当時の海軍のエリートコースはドイツです。アメリカに行かされ、帰国後は、海のものとも山のものともつかない航空に配属された山本は傍流だったといえる。それだけに、兵士たちへの共感が深かったのでしょう。また、エリートたちが前例にとらわれる中、実地で学んできた新しい目でものを見ることが出来た、見えすぎたのだと思います。

（「山本五十六と『5人の参謀』　帝国海軍は人事で崩壊した」）

理想のリーダーに必要な六つの条件

私は、理想とするリーダーに必要な条件は六つあると思っています。

まず大事なことは、「自分自身で決断すること」です。実は、太平洋戦争中にこれをきちんとやった軍人はほとんどいません。大抵の指揮官は、参謀が持ってくる作戦計画を

「それはいい。それで行こう」と頷《うなず》くばかりだったんです。そういう人が指揮した戦いでは、大きな人的損害を出している。

二つ目は、「部下に明確な目標を与えること」です。

これが上手くなかったのは、**山本五十六**連合艦隊司令長官です。五十六さんは私の母校である長岡中学の大先輩で、名将だと思っている提督の一人です。ただし、なんでもかんでも自分の中に貯め込んで、部下に目標を明らかにできないタイプでした。

真珠湾攻撃のときもこの悪い癖が出ました。五十六さんは、アメリカの戦意を削《そ》いで早期講和に持ち込むために、真珠湾の艦隊だけでなく、石油タンクや湾港施設などを徹底的に壊滅して欲しいと思っていました。ところが、部下にはその目的を明確に伝えてなかったんです。だから、真珠湾攻撃の指揮官である**南《な》雲《ぐも》忠一**(3)中将は、停泊している戦艦を沈めて、アメリカ軍の反撃を恐れて「勝ったしこれ以上やる必要はない」と急いで引き上げてしまった。

ここで真珠湾を完全に破壊しなかったことがのちのちまで日本を苦しめることになります。日本中が万歳三唱をしているさなかに、五十六さんは悔しがっていたかもしれません。

ミッドウェイ(4)でもそうです。大本営の命令は「ミッドウェイ島を攻略(占領)せよ」となりましたが、彼の本心はそんなことよりも、敵機動部隊を誘いだして全滅させることにあった。しかし、五十六さんはそれを明確に指示・命令しなかった。上に立つ人は、自分だけ目標をわかっていてもダメだという典型例だと思います。

（「昭和史から学ぶリーダーの条件」）

世界を驚かせたガダルカナル島撤退作戦

太平洋艦隊司令長官**ニミッツ**[5]が「あっぱれなお手並み！」と唸《うな》り、著名な戦史家モリソンが「世界海戦の歴史において、これほど見事な撤退戦はなかった」と激賞の辞を惜しまなかったのが日本海軍のガ（ダルカナル）島撤退作戦[6]です。撤退が正式に認可されると、島に残された部隊を救出すると言明した、五十八歳の連合艦隊司令長官**山本五十六**は、幕僚たちにこう語っています。

「このガ島戦をはじめた海軍の、連合艦隊司令長官としては陸軍にたいする責任がある。動ける駆逐艦をすべて投入する。その半分を失おうとも作戦は成功させねばならないのである」

敵の基地航空隊が大量にいるわけですから、水際で駆逐艦隊が撃沈される危険性がきわめて高い。一か八かの撤退作戦でした。作戦は二日おきに三往復して搬出をはかるというものでしたが、全三回をつうじて、駆逐艦一隻が沈没、一隻大破となったのみ。作戦は成功します。ガ島の陸海将兵一万二千六百八十二人（うち海軍七百四十九人）を救いだしました。

　当時二十二歳、陸軍の連隊旗手としてガ島にいた小尾靖夫元少尉からこのときのようすを聞いたことがあります。かれが命からがら敵中を突破し、撤退地点にたどりついたのは作戦最終日の夜のこと。小尾は艦上からメガホンで叫ぶ声を忘れずにいました。いわく、

「大丈夫だ、慌てなくともいい。全員が乗り移るまでは、どんなことがあっても動かんから安心せよ」

　小尾が聴いたのは山本五十六がガ島撤退にかけた思いそのままでした。山本が世界を驚かせた出来事として、わたくしは真珠湾奇襲攻撃よりむしろ、こちらを挙げておきたいと思います。

（「太平洋戦争　連合軍が畏怖した名将の死闘」）

自分が責任をもてないことを命令してはいかん

山本五十六は、部下が特殊潜航艇で真珠湾に突入したいといったとき、許可しなかったんです。九死に一生ならともかく、「十死零生」ではだめだと。自分が責任をもてないことを命令してはいかん、というのが指揮官の覚悟でしょう。ところが、特攻[7]作戦を命令した人たちにはその覚悟がない。特攻は志願によるとされていますが、ほとんどが命令なんです。特攻で死んだ日本青年たちの精神を考えるとき、同時に、それを命じた日本人の堕落ぶりを忘れてはいけないと思います。

（「日本敗れたり——あの戦争になぜ負けたのか」）

大艦巨砲から航空機への転換の先見的な視点

五十六は連合艦隊司令長官になってからはあまり感心しないのですが、いわゆる参謀時代は、すごく優秀だと思います。**米内光政**海軍大臣の下で海軍次官をしていたときなどは、補佐役としてずば抜けているんじゃないですか。

その第一は、日独伊三国同盟に反対したこと。米内、山本、**井上成美**の三人で、最後まで頑張った。

もう一つ、この人に先を見る目があったのは、大艦巨砲から航空機への転換です。五十六はそもそもが砲術科の出身なんです。つまり大艦巨砲主義者の仲間なのに、昭和初期には頭をパッと切り換えて、自分から航空畑へ行った。これからの時代はエネルギーが石炭から石油になるといち早く見抜いた。石油がエネルギーの主体となれば、いちばん活躍するのは航空機と潜水艦だ。それでこれからの戦いの主力は航空機と主張して、エリートコースから外れることを、あえてやったんです。

武官としてアメリカを見てきたせいでしょうが、世界の動きがわかっていたという意味で、参謀としては（十点満点で）十点だと思うんですね。

この人の最大の欠点は、話がわかる相手にしかしゃべらないこと。だいたい連合艦隊長官として軍令部総長[8]とまったく話をしようとはしないんだから。

有名な「やってみせ、言って聞かせて、させてみて、ほめてやらねば、人は動かじ」というのは、もともと五十六の言葉ではないんですが、本人は「言って聞かせて」どころじゃない（笑）。

宴席での乱れぶりには品がないことでも知られていた。

「山本五十六、戦死」という報を聞いたとき、連合艦隊ではみんな、ダーッと意気消沈したというから、それなりに品格はあったと思いますがね。

（「軍師の条件」）

注

（1）零戦：正式には零《れい》式艦上戦闘機。１９４１（昭和16）年太平洋戦争開戦時の海軍の主力戦闘機。アメリカの主力機グラマンＦ４Ｆと比べると、自重が4割軽く、上昇力、旋回性で勝り、航続力は2倍。大戦初期の世界の最優秀戦闘機の一つだった。

（2）フランクリン・ルーズベルト：１８８２～１９４５年。アメリカの政治家。第32代大統領（在任１９３３～45年）。Ｗ・ウィルソン大統領のもとで海軍次官、大恐慌の経済危機のなか33年大統領に就任、ニューディール政策を採る。第2次世界大戦勃発後は連合国側の支援に乗り出し、41年参戦。終戦を目前にして脳溢血で死去。

（3）南雲忠一：１８８７（明治20）～１９４４（昭和19）年。大正昭和期の海軍軍人。第１航空艦隊司令長官として真珠湾奇襲作戦に成功するが、ミッドウェー海戦で大敗北を喫する。呉鎮守府司令長官などを経て、１９４４年3月、中部太平洋方面艦隊兼第14航空艦隊司令長官。同年7月、サイパンで自決。死後、海軍大将。

（4）ミッドウェー海戦：１９４２（昭和17）年6月、中部太平洋ミッドウェー島付近の海域で行われた日米の海戦。日本海軍は空母4隻などを失う大敗北を喫した。

（5）チェスター・Ｗ・ニミッツ：１８８５～１９６６年。アメリカの海軍軍人。第１次世界大戦中は大西洋潜水艦隊参謀長。１９３９年海軍省航海局長、真珠湾攻撃直後の41年12月太平洋艦隊司令長官。42年6月ミッドウェー海戦で勝利し、ソロモン海戦、マリアナ沖海戦、フィリピン進攻などで活躍。44年海軍元帥に昇進。翌年9月戦艦「ミズーリ」での日本の降伏調印式に参加した。

（6）ガダルカナル島撤退作戦：御前会議を経て１９４３（昭和18）年1月ガ島撤退の大命が下り、同月下旬から実施された。陸軍は今村均中将ら、海軍は山本五十六連合艦隊司令長官らが指揮にあたった。

（7）特攻：特別攻撃の略。太平洋戦争末期、神風特攻隊などで、爆弾を抱えて敵に体当たりする攻撃をこう呼んだ。航空機のほかに人間魚雷「回天」によるものもあった。３５００人を超える若者が特攻により犠牲になった。

（8）軍令部総長：海軍の軍令機関である軍令部の長。陸軍の参謀総長に当たる。明治以来、軍令部長と称していたが、１９３２（昭和7）年2月、伏見宮博恭王が就任したのを機に、翌年10月、総長と改称した。

山本五十六：１８８４（明治17）〜１９４３（昭和18）年。明治大正昭和期の海軍軍人。１９０５（明治38）年日露戦争に参戦し負傷。25（大正14）年よりアメリカ駐在武官、35（昭和10）年海軍航空本部長、翌年海軍次官として日独伊三国同盟に反対、太平洋戦争にも反対した。

39（昭和14）年連合艦隊司令長官に就任し、真珠湾奇襲作戦を成功させ、ミッドウェー海戦で敗れた。ブーゲンビル島上空で乗機を撃墜され戦死。海軍大将、死後に元帥。

■堀悌吉
海軍始まって以来の英才

堀悌吉の頭脳は巡洋艦の一戦隊よりも大事

ロンドン軍縮条約締結後、海軍はとりかえしのつかない大馬鹿人事をやってしまいます。

昭和八（一九三三）年から九年にかけて、**大角岑生**《おおすみみねお》(1)海相のとき行なわれたので、大角人事と呼ばれていますが、条約派の中心人物が次々と放逐されてしまったのです。

海軍に逆風が吹き荒れるなか、対英米協調の外交路線にのっとって、締結に尽力したのは**加藤友三郎**《ともさぶろう》(2)の薫陶《くんとう》を受けた海軍次官・**山梨勝之進**(3)と、彼を補佐する軍務局長・**堀悌吉**《ていきち》

らでした。山梨は加藤友三郎の随員としてワシントン会議[4]にも赴いています。その山梨が昭和八年に、そして堀が翌九年に相次いで予備役となる。つまりクビです。ほかにも谷口尚真《なおみ》、左《さ》近司《こんじ》政三、寺島健、坂野常善たちがクビになっている。

とくに堀は**山本五十六**とは海軍兵学校の同期で親友でした。海軍始まって以来の英才と謳《うた》われた堀が予備役になったと聞いて、山本は「巡洋艦の一戦隊と堀悌吉の頭脳と、どちらが海軍にとって大事なのかもわからんのか」とうめいたといいます。

（「昭和の海軍　エリート集団の栄光と失墜」）

注（1）大角岑生：1876（明治9）～1941（昭和16）年。明治大正昭和期の海軍軍人。日露戦争に従軍。1909（明治42）年ドイツ駐在。22（大正11）年軍務局長、24（大正13）年中将、翌年海軍次官。28（昭和3）年第2艦隊司令長官、31（昭和6）年大将。同年から犬養毅、斎藤実、岡田啓介各内閣の海相。41年南支那で飛行機事故により死亡。男爵。

（2）加藤友三郎：1861（文久1）～1923（大正12）年。明治大正期の海軍軍人、政治家。日清戦争では「吉野」砲術長として功績を残す。日露戦争では、連合艦隊参謀長として日本海海戦の陣頭指揮を執った。1915（大正4）年第2次大隈重信内閣の海相、大将となる。22（大正11）年首相（海相兼任）。子爵、元帥。

（3）　山梨勝之進：1877（明治10）～1967（昭和42）年。明治大正昭和期の海軍軍人。1915（大正4）年軍令部参謀、18（大正7）年軍務局第1課長などを歴任。21（大正10）年のワシントン会議で加藤友三郎全権委員の随員をつとめた。28（昭和3）年海軍次官、32（昭和7）年大将、軍事参事官、翌年予備役。39（昭和14）～46（昭和21）年まで学習院長。

（4）　ワシントン会議：1921（大正10）年11月から翌年2月までワシントンで開かれた国際会議。アメリカ、イギリス、日本、フランス、イタリアの5大国のほか、オランダ、ベルギー、ポルトガル、中国の4カ国が参加し、軍縮と太平洋・極東問題を討議した。五カ国条約など7条約が成立した。

堀悌吉：1883（明治16）～1959（昭和34）年。明治大正昭和期の海軍軍人。海軍兵学校を山本五十六と同期のトップ卒業。ワシントン会議随員、国際連盟海軍代表を歴任した後、1929（昭和4）年山梨勝之進次官のもとで軍務局長。その後、第3戦隊司令官、第1戦隊司令官となるが、34（昭和9）年予備役。海軍中将。

■小沢治三郎
魚雷で世界を震撼させた司令長官

マレー沖海戦で大勝利に貢献

真珠湾とならぶ緒戦のマレー沖海戦(1)で大勝利に貢献したのは魚雷でした。昭和十六年十二月十日、新鋭戦艦プリンス・オブ・ウェールズと、巡洋戦艦レパルスを主力とするイギリスの東洋艦隊を敵にして、戦った総指揮官は南遣艦隊司令長官**小沢治三郎**中将、五十五歳。中将麾下《きか》の航空戦隊の奮戦によるものです。

攻撃開始早々、航空戦隊の陸上攻撃機が撃った九一式魚雷二本がプリンス・オブ・ウェールズに命中。つづいてレパルスにも爆弾一発、魚雷三本が命中してともに沈没。これはまさに世界を震撼《しんかん》させるできごとでした。なぜなら洋上を全速で航行する戦艦を航空機の攻撃だけで沈めることなどありえないというのがそれまでの常識だったからです。しかも魚雷二発で小沢中将麾下の航空戦隊は世界の海戦史上に輝く快挙を成しとげたのです。

（「太平洋戦争　連合軍が畏怖した名将の死闘」）

小沢さんこそ真珠湾攻撃の指揮官になるべき人

陸海軍人の取材はたくさんしました。立派な人もいたし、ひどく無責任な旧軍人にも会いました。最後の連合艦隊司令長官だった**小沢治三郎**さんはなつかしい人ですね。

陸軍と海軍は戦争中も戦後も仲がよろしくないのですが、その陸軍の人がこぞって褒《ほ》める海軍軍人、それが小沢中将です。小沢さんは昭和十六年十月、太平洋戦争開戦直前に南遣艦隊司令長官になりました。陸軍によるマレー上陸作戦(2)が計画されており、小沢艦隊の任務は陸兵をのせた輸送船団の護衛という損な役回りです。

適材適所でいえば、小沢さんこそ真珠湾攻撃の指揮官になるべき人でした。

空母中心の機動部隊を発案したのが小沢さんでした。太平洋戦争を前にして、「時代は戦艦から飛行機に移った」と先見の明がありました。それまでの速力二十二、三ノット程度の戦艦ではなく、三十ノット以上も出る航空母艦を高速戦艦や水雷戦隊で護衛する部隊が機動的に動き回るという構想です。

　せっかく小沢さんが機動部隊という新戦術を発案したのに、海軍人事が硬直化しているために、第一航空艦隊司令長官として機動部隊の指揮を任せられたのは、一期上の**南雲忠一**中将でした。ところが、南雲さんは生え抜きの水雷屋さんです。駆逐艦や巡洋艦に乗り、魚雷を撃つのがずっと専門だったので、飛行機なんて何にも知りません。ですから南雲さんは、港湾施設や石油タンクを破壊する第二波攻撃を主張した部下の進言を退けてサーっと引き返しました。小沢さんなら敢行したことでしょう。翌年のミッドウェー海戦でも、南雲さんは敵艦隊への迅速な攻撃を求める部下の声におたおたして決断を下せないまま、大敗しました。

　小沢さんは縁の下の力持ちの仕事を「俺は全力を賭してもやろう」と言って、第二十五軍司令官山下奉文中将をはじめとする陸軍を喜ばせました。陸軍では「海軍で一番えらいのは小沢中将だ。彼がいなかったら、マレー作戦は到底あのように迅速には運び得なかった」「小沢あるかぎり、海軍は敗れず」と激賞したほどです。

　小沢さんは実は、**山本五十六**や**米内光政**といった、対米協調派の流れにあった人でした。兵学校や海大の成績もそんなに悪くないいんだけど、不思議なことに海軍中央にいず、いつも最前線に出ていました。

昭和十九年三月、戦局悪化の中で小沢さんはようやく第一機動艦隊司令長官に就きました。参謀の大前敏一大佐などの話によると、小沢さんは部下に任せず、作戦計画などすべて自分でやるタイプだったそうです。「上に立つ人は、人にある程度任せないと、部下はついていきませんよ」という声もありました。事実、組織の長のむつかしさはそこにありますね。

それと過度のアルコール好きも、部下の評判を落としていました。戦後、私が会いに行ったときも手が震えていたぐらいで、「閣下はお酒をまだ飲むんですか」と聞いたら、「飲む」と一言、強く言っていました（笑）。

同年六月、マリアナ沖海戦[3]で「アウトレンジ戦法」を駆使します。日本の飛行機の航続距離の長さを利用し、向こうの飛行機の攻撃圏外から決戦を挑んだわけです。作戦としては上出来なのですが、この戦法を実行できる技量のあるパイロットがすでに残っていませんでした。レーダーとＶＴ信管[4]という最新技術を使ったアメリカの迎撃により、「マリアナ沖の七面鳥撃ち」と評されるほど、片っ端から日本の攻撃機は落とされてしまいます。参謀長だった古村啓蔵少将は、「小沢長官が顔面を蒼白にして艦橋に立っていたのを、今でもありありと思い出せる」と証言しています。この敗戦によりサイパン島は取られ、本土空襲はもう自明の理、大日本帝国の勝利は絶無という惨憺《さんたん》たる結果を招きます。

こうして飛行機を失い、これ以上載せる飛行機もない以上、機動部隊はただ空母がタライのように浮かんでいるという無力な状態になりました。ところが同年十月、そんな状況下でレイテ沖海戦が行なわれます。水上部隊の残りをすべて投入し、上陸部隊を乗せた敵の輸送船団を撃滅する乾坤一擲《けんこんいってき》の作戦です。

その際、猛将**ハルゼー**(5)大将指揮の米機動部隊が邪魔なので、小沢艦隊を囮《おとり》にして遠くへおびき出そうという作戦が生まれるわけです。

参謀の大前さんによると、軍令部と第一航空艦隊の司令部が怒鳴り合い、ついに小沢が「それなら、連合艦隊司令長官（豊田副武《そえむ》）(6)が自ら出ていけ。レイテ沖に戦艦大和《やまと》で突っ込め。そのぐらいのことをしないで、無力な我々を囮に使うという破天荒の作戦が成功するなんて、そんなうまい話はあり得ないんだ」と言ったそうです。ところが、豊田大将は司令部が置かれた慶応大学日吉校舎の壕の中に閉じこもるばかり。

小沢さんは全滅覚悟で出発します。連合艦隊参謀副長だった菊池朝三大佐によると、空母・瑞鶴《ずいかく》の艦橋で小沢さんは、「囮だから、一刻も早いアメリカの飛行機の攻撃を待ち望んでいる。部下の殺されることを望んでいる。こんなバカな話はない」と言っていたそうです。実際、敵が来たときは、みんなして小躍《こおど》りしたそうです。それでやられちゃうんだけど。

小沢艦隊はハルゼー機動部隊を見事に引き付け、その隙《すき》に**栗田**（**健男**）[7]中将率いる大和を中心とする艦隊が敵の輸送船団に突っ込むはずが、栗田艦隊は謎の反転をして、作戦は全部パーになってしまいます。

（「半藤さんが出逢えた、ブレなかった日本人」）

「**これからの日本は大事だから、俺は死なん**」

私は『週刊文春』の取材で、**小沢**さんに会いに行きました。元部下たちはよく訪ねて来ていたそうです。部下の人によると、小沢さんが元気なときは、死んだ部下のお墓参りをよくしていたそうですが、公の場には一切出てきませんでした。

世田谷の住居に行くと、違う人の表札が掛かっている一軒家があり、庭に回れと言われました。すると庭の奥のほうの部屋に小沢さんがいました。

「この頃、どうお暮らしですか」「ラジオの英語を聴いて、英語というのはこんなに難しいものかと今さらながら思います」なんて世間話をしつつ、「どうしてこんなところにお住まいですか」と聞くと、「私の家なんですけど、いつの間にか、私はここだけになっちゃった」。家を他人に間貸ししたところ、いつの間にか借家人が偉くなってしまい、小沢さんのほうが間借人のようになったそうです（笑）。敗軍の将そのままですね。

以後三回の訪問でいろいろ尋ねても、戦争の「せ」と言った瞬間に「答えません」とばかりに、黙ってじっとこちらを見つめるばかり。ノンキな話はたくさん聞きましたけど。「酒はお燗がうまいと言うが、冷や酒だってうまいよ」なんて、聞きに来たんじゃないのに（笑）。取材の最後に、「閣下、一つぐらいご褒美をいただけないものでしょうか」と言ったら、どうぞという顔をしたから、「レイテ沖海戦で、**栗田**さんと**西村祥治**《しょうじ》[8]さんと、**志摩清英**[9]さんと、閣下。四人の長官が協同して任に当たられましたが、どうしてうまく行かなかったのですか」とだけ聞きました。しばらく黙った後、「本当に戦ったのは西村君だけだ。あとは全員落第」「閣下も？」「もちろん」。それでオシマイ。西村中将は命令通り、レイテ湾の敵艦隊に突入して戦死した人です。

しかし、それをいうなら、囮として撃滅される作戦任務を堂々と遂行した小沢さんも「本当に戦った」提督です。そういっても、船を沈め、たくさん部下を死なせた悔いが大きかったのでしょう。口に出して言いはしませんでしたが。

連合艦隊参謀だった千早正隆中佐によると、小沢さんは「本土決戦なんかやれるはずはない」と言っていたそうです。それに、普通、連合艦隊司令長官になると大将になるんですが、小沢さんは中将のままでいいと言って、断固として昇進を断ったそうです。これもまた、先ほどの「悔い」によるものでしょう。

八月十五日、参謀たちは小沢さんが自決するのではと心配し、「長官、これからのことがありますから」と言ったら、「何を言っているんだ。これからの日本は大事だから、俺は死なん。君たちこそ断じて死ぬなよ」と言ったそうです（笑）。悔いはありながらも、切腹なんかとんでもない、やるだけは全部やった、やれないことまでやったという思いはあった。

昭和史の大きな出来事のなかで、小沢さんの名前が出ることはありません。むしろ、現場一筋で、日本を何とか亡《ほろ》ぼさないためにほんとに一所懸命に最前線で戦いつづけた人ではないでしょうか。

とにかく自分のやらねばならないことに全力をつくした、真摯《しんし》に生きぬいた、戦いぬいた、こういった日本人に久しく会っていないなと、なつかしさと共に思い出す人です。

（「半藤さんが出逢えた、ブレなかった日本人」）

注

（1）マレー沖海戦：１９４１（昭和16）年12月10日、太平洋戦争緒戦において、日本海軍の攻撃機84機がイギリスの戦艦2隻を撃沈した海戦。

（2）マレー上陸作戦：１９４１（昭和16）年12月8日未明、太平洋戦争開戦時に、日本軍がマレー半島に奇襲上陸し、シンガポールまで進攻した作戦。真珠湾攻撃とほぼ同時に行われた。

（3）マリアナ沖海戦：１９４４（昭和19）年6月19日マリアナ諸島西方沖で、小沢治三郎中将指揮下の日本艦隊と米軍第5艦隊が激突した戦い。２日間の戦闘を経て、アメリカが勝利した。この敗退によりサイパン島が陥落、日本は以後、制海・制空権を失う。

（4）ＶＴ信管：対空弾が目標物に命中しなくても、目標からの反射波が一定状態になると爆発する信管。近接信管ともいう。１９４３（昭和18）年１月にアメリカ海軍によって初めて使われた。

（5）ウィリアム・Ｆ・ハルゼー：１８８２～１９５９年。アメリカの海軍軍人。第１次世界大戦では駆逐艦を指揮し、１９３８年海軍少将。40年中将。42年10月以降南太平洋海域司令官、44年第３艦隊司令官、レイテ湾海戦を指揮。45年元帥、47年退役。

（6）豊田副武：１８８５（明治18）～１９５７（昭和32）年。大正昭和期の海軍軍人。イギリス駐在後、１９３３（昭和8）年連合艦隊参謀長。35（昭和10）年軍務局長。41（昭和16）年大将、呉鎮守府司令長官。44（昭和19）年連合艦隊司令長官、翌年最後の軍令部総長。

（7）栗田健男：１７４ページ参照。

（8）　西村祥治：1889（明治22）～1944（昭和19）年。大正昭和期の海軍軍人。第4水雷戦隊司令官として太平洋戦争を迎える。ミッドウェー海戦後は第7戦隊司令官となり、第2次ソロモン海戦、南太平洋海戦など常に最前線でアメリカと交戦。44年第2戦隊司令官、同年10月レイテ沖海戦に向かう途中で旗艦「山城」沈没とともに戦死。海軍中将。

（9）　志摩清英：1890（明治23）～1973（昭和48）年。大正昭和期の海軍軍人。1936（昭和11）年「大井」艦長、40（昭和15）年第19戦隊司令官。44（昭和19）年第5艦隊司令長官としてレイテ沖海戦で重巡洋艦艦隊を指揮。45（昭和20）年高雄警備府長官兼第1航空艦隊司令長官。海軍中将。

小沢治三郎：1886（明治19）～1966（昭和41）年。大正昭和期の海軍軍人。駆逐艦「竹」艦長、連合艦隊参謀、海大教官、巡洋艦「摩耶」、戦艦「榛名」の艦長、連合艦隊参謀長を歴任。1941（昭和16）年太平洋戦争開戦でマレー作戦の海軍指揮官となり、イギリス艦隊プリンス・オブ・ウェールズとレパルスを撃沈。44（昭和19）年第1機動艦隊と第3艦隊の司令長官（最後の連合艦隊司令長官）を兼任した。戦後は防衛庁（当時）の戦史編纂に協力した。海軍中将。

■田中頼三
アメリカ巡洋艦隊を壊滅させた闘将

田中少将は冷静に号令を発した。「全軍突撃せよ！」

ミッドウェー海戦後、日米攻防の焦点はガダルカナル島の争奪戦となりました。しかし制空権を失った日本の艦隊がガ島に近づくことができるのは敵航空機の飛ばない夜だけ。兵力の増援、武器・弾薬、食糧などを積んだ駆逐艦による輸送作戦が連夜おこなわれ、これを米側は「トーキョー・エクスプレス」と渾名《あだな》しました。

ガ島をめぐる戦いの、最終局面にさしかかった（昭和十七年）十一月三十日のことです。この日の真夜中、五十歳の**田中頼三**少将率いる第二水雷戦隊の八隻の駆逐艦が補給物資を満載して三万の陸軍兵が待つガ島に向かいます。物資を詰めたドラム缶を載せるため、各艦はそれぞれ通常の半分の四本の魚雷を抱くにすぎません。ルンガ沖[1]にはアメリカの前衛駆逐艦四隻、巡洋艦五隻、そして後衛駆逐艦二隻が陣形を整えて待ち構えていました。田中頼三少将は敵の大艦隊が待ち伏せしているとも知らず、旗艦、駆逐艦「長波」の艦橋にあって全軍に指示を送ります。「予定どおりドラム缶揚陸を実施せよ」

二手に分かれた田中戦隊は揚陸準備に大わらわ。いつでもドラム缶を落とせる状態にまでもっていこうとしていました。その時、田中少将のもとに報告が飛び込んできました。「『高波』より発信。敵艦隊七隻見ゆ」。同時にもの凄い炸裂音が響き、数十メートルの水柱が先頭の「高波」を包んで突きたちました。そしてアメリカ巡洋艦隊の主砲、副砲、機関砲がいっせいに火を噴きました。「長波」から田中頼三少将の命令が全艦に飛んだ。「揚陸やめ！　戦闘用意！」

各艦の魚雷発射管が敵艦隊に向けられました。混乱した状況のなかにあって、田中少将は冷静に号令を発した。「全軍突撃せよ！」

ドラム缶の投下準備をしていた砲員は砲塔に躍りこみ、発射管員は発射管に飛びついて魚雷を放ちました。アメリカ艦隊の旗艦ミネアポリスの艦腹にすさまじい水柱が突き立った。命中でした。敵の隊列が大混乱となるなか次々と魚雷は命中していき、ついにアメリカ巡洋艦隊は壊滅。田中艦隊の損害は「高波」のみでした。この間、わずか十六分。海戦に参加したアメリカ海軍の駆逐艦乗りは、口を揃えてこう讃嘆したといいます。

「癪《しゃく》にさわるほど立派な連中だった」

わたくしは田中頼三にも会っています。

「僕ァなにもしなかったよ。ただ、突撃せよと命令をだしただけでした」

かれは自分の功を誇らない闘将でありました。


（「太平洋戦争　連合軍が畏怖した名将の死闘」）

注

（1）ルンガ沖夜戦：１９４２（昭和17）年11月30日夜に、ガダルカナル島ルンガ岬の沖で日本海軍と米海軍が激突した。いわゆるルンガ沖海戦である。敵の指揮官はカールトン・H・ライト少将。

田中頼三：１８９２（明治25）～１９６９（昭和44）年。大正昭和期の海軍軍人。生粋の駆逐艦乗りで水雷屋をきわめた。１９４１（昭和16）年開戦直前に第２水雷戦隊司令官。開戦後は南方作戦、蘭印作戦に従事。ガダルカナル島戦がはじまると、第２次ソロモン海戦、第３次ソロモン海戦で輸送作戦を指揮。翌年ドラム缶輸送の最中に、米重巡洋艦部隊と遭遇し、米重巡洋艦１隻撃沈、３隻大破の大勝を収める。ビルマの第13根拠地隊司令官として終戦を迎える。海軍中将。

■木村昌福
キスカ島から無血撤退を成功させた猛将

五千二百人を救出した奇跡の作戦

昭和十八年七月のキスカ撤退も見事でした。北太平洋アリューシャン列島の西端のアッツ島が玉砕(1)したあと、となりのキスカ島が孤立します。守備隊約五千二百人を救出する命令を受けたのが、第一水雷戦隊。司令官は五十一歳の**木村昌福**《まさとみ》少将でした。

七月十五日、最初の突入は失敗。二度目の出撃は二十九日となりました。木村は濃霧を待っていたのです。そして米艦隊包囲下、敵の監視の眼をかすめて無血撤退が見事成功。

この作戦もまた奇跡と称賛されました。このとき木村は五千百八十三人という陸軍の兵隊さん全員を、五十分で収容しているのです。

この五十分は長いですよ。敵がいつ気づくともわからないなか全員が乗るまでじっと我慢して待つわけですから。なまじっかの根性ではやれない。これにはアメリカ艦隊も驚いた。翌朝、ドカンドカンと艦砲射撃をおこない飛行機でも激しく爆撃をかけ、いざ上陸してみたらひとっこ一人いなかったわけですからね。日本軍に占領されていたはずの島が、一晩のうちにもぬけの殻となったとは。唖然呆然となったことでしょう。

（「太平洋戦争　連合軍が畏怖した名将の死闘」）

注

（1）アッツ島玉砕：アッツ島はアリューシャン列島最西端の火山島。1942（昭和17）年隣のキスカ島とともに日本軍が占領したが、翌年アメリカ軍に奪還され、5月29日、山崎保代大佐以下約2500名の日本軍守備隊は全滅した。以後、アッツ島はアメリカの重要軍事基地となる。

木村昌福：1891（明治24）～1960（昭和35）年。大正昭和期の海軍軍人。1940（昭和15）年「鈴谷」艦長となり、翌年からの南方作戦、ミッドウェー海戦、第2次ソロモン海戦、南太平洋海戦に参加。42（昭和17）年少将。翌年第1水雷戦隊司令官として、キスカ島で孤立無援となった陸海軍将兵5183人の救出に成功。45（昭和20）年連合艦隊司令部付、対潜学校長を経て、防府海軍通信学校長となり終戦。海軍中将。

■伊藤整一
戦艦「大和」と心中した司令長官

伊藤長官の作戦中止命令が全滅を免れさせた

大和を中心とする第二艦隊の司令長官は**伊藤整一**中将です。連合艦隊参謀長**草鹿《くさか》龍之介**(1)中将が、三上作夫参謀をともなって、徳山沖に在泊していた大和に赴いたのは昭和二十年四月六日のこと。そのときのことを三上参謀が回想して記しています。

「作戦計画について説明しても、伊藤長官はなかなか納得されなかった。当然、このような作戦などといえない無謀無策な挙を納得されるはずがなかった。最後に、一億総特攻のさきがけになってもらいたいのだという説明で、そうか、それならわかった、と即座に納得された」

わたくしが昭和三十五年に草鹿さんに直接取材したとき、「いったいこの作戦にどういう目的があるのか、また見通しを連合艦隊は考えているのか、となかなか伊藤長官は納得されなかった。そこで自分がやむなく、一億特攻のさきがけ云々《うんぬん》といった。伊藤長官はそれなら行こう、と淡々として納得された」と答えてくれたことを思い出します。

それでも伊藤中将は草鹿さんに、「いよいよ大和が行動不能になったときの判断は私に任せてもらうがいいか」と言い、草鹿さんはやむなくＯＫを出した。あとになってこの一言が、多くの命を救うことになります。

＊

昭和二十年四月七日。「大和」最期の日です。

アメリカの潜水艦は、大和が九州から出た瞬間に発見しました。その時、デュポーズという機動部隊を護衛している戦艦部隊の司令官が、「せっかく大和が出てきたんだから、戦艦同士の決戦をやりたい」と言ったらしいですよ（笑）。巨大戦艦の最期を華々しく飾らしてやりたい。やっぱりアメリカのなかにも艦隊決戦主義の人がいたんですね。

もちろん、アメリカ軍がそんなロマンを許すわけもなく、アメリカ軍の飛行機の攻撃を受けて午後二時過ぎ、戦艦大和は沈みました。敵の編隊が見えた瞬間に主砲を一発撃っていっぺんに五、六機、飛行機がすっ飛んだという話が伝わっていますけれども、それでおしまいです。

大和艦上の伊藤長官は、もはやこれまでと思ったとき、作戦中止命令を出しました。これは、特攻作戦中止、生き残った駆逐艦は内地に帰投せよという長官命令です。

そのとき残った駆逐艦は四隻。その名を残しておきましょうか、雪風、初霜、冬月、涼月の四隻です。いい名前ですね。これらはこの作戦中止命令を受けると同時に、海上に浮いている生存者の救助にかかって、「大和」の生き残りも、ほかの艦の生き残りも全部、救いました。もしも伊藤長官の中止命令がなければ、そのまま沖縄へ突っこんでいき、全滅でした。『戦艦大和ノ最期』の吉田満さんも助かっていなかったわけです。

大和乗組員、三千三百三十二名のうち戦死は三千五十六名。他の艦も合計して四千三十七名が戦死しました。これは、飛行機の特攻隊の陸海合計の死者数四千六百十五人に近いのです。それも、たった一日で。なんとも言えませんね。ただし大和の突撃は特攻とは正式に認められていないらしく、戦死者は二階級特進の栄誉にはあずかっておりません。

……虚しいですね。

（『あの戦争と日本人』）

注

（1）草鹿龍之介：1892（明治25）〜1971（昭和46）年。大正昭和期の海軍軍人。「鳳翔」「赤城」艦長、第4連合航空隊司令官、第24航空戦隊司令官を経て、1941（昭和16）年第1航空艦隊参謀長、南雲忠一司令官の下で真珠湾攻撃の作戦に当たる。44（昭和19）年4月連合艦隊参謀長となり、あ号作戦やレイテ作戦を計画。海軍中将。

伊藤整一：1890（明治23）〜1945（昭和20）年。大正昭和期の海軍軍人。1927（昭和2）年から30（昭和5）年までアメリカ駐在。「最上」「愛宕《あたご》」「榛名」各艦長を務め、37（昭和12）年第2艦隊参謀長、翌年海軍省人事局長、41（昭和16）年軍令部次長、44（昭和19）年第2艦隊司令長官、45（昭和20）年沖縄へ戦艦「大和」で突入し戦死。死後、大将に昇進。

【米国軍人篇】

■アーネスト・キング
人材登用に長けた最高指揮官

太平洋戦争の勝利の決め手はニミッツの登用にあった

アメリカ海軍の頂点で、太平洋戦争を指揮したのは、**アーネスト・キング**合衆国艦隊司令長官兼作戦部長です。アメリカは太平洋と大西洋の二つの艦隊があって、それぞれに司令長官がいる。合衆国艦隊司令長官はその上に位置して、全海軍の艦隊を統括する最高指揮官ですね。作戦部長というのは、日本海軍でいえば軍令部総長に近い存在でしょうから、**永野修身《おさみ》**(1)軍令部総長と**山本五十六**連合艦隊司令長官を合体させたようなもの。いかにキングの権限が強かったかがわかる。

キングの人事は苛烈だった。開戦当初から、ミッドウェー、ソロモンと機動艦隊の指揮で最も経験を積んでいた**フランク・フレッチャー**[2]中将をアラスカに飛ばし、終戦まで塩漬けにした。

キングの人事というのは、人物評価としてはかなり正確だったと思いますよ。その好例が、真珠湾攻撃の後に、太平洋艦隊司令長官として、当時、航海局長だった**ニミッツ**少将を起用したことです。

海軍に精通していた**ルーズベルト**大統領は、真珠湾攻撃の直後、合衆国艦隊兼太平洋艦隊司令長官だったハズバンド・キンメル[3]とハロルド・スターク[4]作戦部長を更迭し、キングに合衆国艦隊司令長官と作戦部長を兼任させます。つまり、すべての権限がキングに集中するようにした。そのキングが最初に行なったのが、ニミッツの思い切った登用だったのです。

なにしろ太平洋艦隊といっても、大半の艦船は沈んでしまっているわけで、大変な逆境からのスタートを余儀なくされる。この重大な危機に際して、キングは太平洋艦隊のトップとして必要なのは、何があっても動じない、巌《いわお》のような男だと考え、航海局長だった地味なニミッツを選ぶのです。この判断力はやはり評価に値する。

米海軍には、指揮系統の縦の流れがピシッと通っていた。

一方、山本（五十六）さんは永野（修身）を馬鹿にしてほとんど話をしていなかった。ニミッツとキングだって必ずしも仲が良かったわけではないのですが、ニミッツは上官であるキングの指示はちゃんと守り、自分の職責を果たした。当たり前のことなんですが、日本海軍はその当たり前が実行できなかったんですね。

ただし、逆に言うと、ニミッツには、山本のように実現不可能だと思われていた真珠湾攻撃を成功させて、戦争のシナリオを一変させてしまうような構想力は見られません。だから本当ならば、山本の下にニミッツのように上の意図をよく理解し、下にピシッと行き届かせるようなスタッフがいれば良かった。山本司令長官―ニミッツ参謀長のコンビなら、あるいは勝てたかもしれない（笑）。軍令部総長の永野はキングに比べるべくもない無能ぶりですから、山本も気の毒ではありました。

（「帝国海軍vs米国海軍　日本はなぜアメリカに勝てないのか」）

注

（１）永野修身：１６８ページ参照。

（２）フランク・フレッチャー：１８８５〜１９７３年。アメリカの海軍軍人。１９４１年第４巡洋艦部隊指揮官。42年空母「ヨークタウン」艦長、珊瑚海海戦、ミッドウェー海戦、第2次ソロモン海戦などで指揮官。同年第13海軍管区指揮官及び北西海域指揮官、翌年北太平洋指揮官に左遷。47年海軍大将。

（３）ハズバンド・キンメル：１８８２～１９６８年。アメリカの海軍軍人。１９４１年太平洋艦隊司令長官に任命されるが、日本軍の真珠湾攻撃の責任を問われ、同年12月に更迭。問責審問のすえに退役。海軍大将。

（４）ハロルド・スターク：１８８０～１９７２年。アメリカの海軍軍人。１９３９年海軍作戦部長に就任。アーネスト・キングとの間に確執が生じ、ルーズベルト大統領令により42年に更迭、在欧アメリカ海軍司令官に。海軍大将。

アーネスト・キング：１８７８～１９５６年。アメリカの海軍軍人。１９２８年に潜水艦基地隊司令となり、海軍航空局次長、大西洋艦隊司令長官などを歴任。42年海軍作戦部長となり、太平洋戦争勝利の立役者となる。44年海軍元帥、翌年退役。

第三章　残念な軍人たち　陸軍篇

半藤は「愚将」について次のように定義している。

「端的に〝責任ある立場にあって最も無責任だった将〟」（『昭和の名将と愚将』）

■本庄繁　陸軍をダメにした先駆者

「バレずにうまくやればいい」という教訓を残した

軍がとにかくいちばんよくないと思えるのは、満洲事変のあとの処理だったと思うのです。満洲事変はあきらかに陰謀であるということが分かっていたわけですからね。

ところが現実には、関係した**本庄繁**、**石原莞爾**、**板垣征四郎**、**林銑十郎《せんじゅうろう》**[1]らは全員出世して、なかには男爵にまでなる軍人がいた。「勝てば官軍」です。そうやって「悪いことをしてもバレずにうまくやればいい」という教訓を残したことが陸軍を徹底的にダメにしたと思います。要するに軍人は皆勲章が欲しいのです。だから、綏遠《すいえん》事件[2]も起こる。満洲の次は内蒙古、内蒙古の次は中国北部というわけです。盧溝橋事件も似ているところがある。勲章めあてに拡大していった。

（『昭和史をどう生きたか』）

注（1）林銑十郎：１８７６（明治9）～１９４３（昭和18）年。明治大正昭和期の陸軍軍人、政治家。日露戦争に従軍、以後、陸軍大学校長、近衛師団長を歴任。１９３０（昭和5）年朝鮮軍司令官となり、満洲事変が勃発すると独断で出兵した。32（昭和7）年大将、教育総監。34（昭和9）年斎藤実・岡田啓介両内閣の陸相、統制派に擁立される。36（昭和11）年の二・二六事件後に予備役。37（昭和12）年内閣を組織するが4カ月で総辞職。

（2）綏遠事件：１９３６（昭和11）年中国綏遠省（現在の内モンゴル）東部で起こった、関東軍指導下の内モンゴル軍と国民政府軍との武力衝突事件。抗日運動を激化させ、西安事件（同年12月）を経て、半年後の日中戦争勃発の伏線となった。

本庄繁：1876（明治9）～1945（昭和20）年。明治大正昭和期の陸軍軍人。1921（大正10）～24（大正13）年張作霖軍事顧問。31（昭和6）年関東軍司令官、柳条湖事件以後の軍事行動拡大を承認。錦州作戦などを指揮しながら満蒙独立工作を積極的に行う。33（昭和8）年侍従武官長、大将。二・二六事件後の粛軍人事で予備役。敗戦後、45年11月20日自決。

■東條英機
昭和陸軍の矛盾が集約された最高責任者

「戦陣訓」は完全にお芝居です

昭和十六（一九四一）年、**東條**は陸軍大臣として、「生きて虜囚の辱《はずかしめ》を受けず」で有名な「戦陣訓」(1)を出す。

おなじ軍人向けでも、**山県有朋**(2)が陸軍卿時代につくった「軍人訓誡」(3)（明治十一年）や、明治天皇の名で出された「軍人勅諭」[4]（明治十五年）が精神主義的だとすれば、「戦陣訓」は完全にお芝居です。
「お前たちがみっともないことをすると郷土の人間はみんな嘆き哀しむぞ」という説教くさいお芝居を、東條というエリートが「生きて虜囚の辱を受けず」と上手な文章に直しちゃったのがいけません。あの文章は島崎藤村が手を入れたにせよ。

（「半藤さんが悟った『昭和の始まりは幕末だ』」）

皇道派への怒りをたぎらせた

東條のことを調べると、昭和の陸軍の持っていたあらゆる矛盾が彼のもとに集約されているような、そんな印象を受けます。
人事も自分のお気に入りばかりを側近におく一方で、一度敵視した者はとことん冷遇しました。**石原莞爾**を予備役に追いやり、さらに立命館大学の職にまで圧力をかけたり、**山下奉文**を初めとする皇道派への憎しみはものすごかった。東條は殺された**永田**（**鉄山**）の血のついた服をそのまま着て皇道派への怒りをたぎらせたというエピソードが残っているほどです。ちょっと思い詰めてしまうタイプというか、偏執的な面もある。

（「昭和の陸軍　日本型組織の失敗」）

注

（1）戦陣訓：1941（昭和16）年1月、東條英機陸相が全陸軍に示達した20項目、3000字におよぶ訓令。中国大陸での日本軍の士気やモラルの低下に危機感をもった陸軍当局が、軍紀引き締めのためにつくったといわれる。島崎藤村、土井晩翠なども文章作成に協力した。「本訓其の二　第八」の「生きて虜囚の辱を受けず、死して罪禍の汚名を残すこと勿《なか》れ」が、軍人のみならず、戦地にいた民間人にまで無用な自決を強いた。

（2）山県有朋：1838（天保9）〜1922（大正11）年。明治大正期の政治家。吉田松陰の松下村塾に学び、21歳で京都に派遣され尊王攘夷運動に参加。1883（明治16）年内務卿になるまで、陸軍卿（初代）、近衛都督、西南戦争の征討軍参謀、参謀本部長など陸軍の枢要ポストを歴任。日清戦争では第1軍司令官、日露戦争では参謀総長兼兵站総監をつとめる。1909（明治42）年伊藤博文が暗殺されると、軍と政界の頂点をきわめた。性格は慎重、陰険で、生涯にわたり強い権力欲で一貫した。元老。陸軍大将、元帥。

（3）軍人訓誡：西周《あまね》が起草し、天皇の絶対神聖や軍隊の中立化を説いた。

（4）軍人勅諭：正式名は「陸海軍軍人に賜はりたる勅諭」で、明治天皇が軍人に対して下した勅諭。前文では天皇の統帥権を説き、兵権が天皇に直属することを明示しており、日本の軍隊は天皇が統率するという性格を与えようとした。草案は西周が起草し、福地源一郎らが修正、山県有朋も加筆した。

東條英機：１８８４（明治17）〜１９４８（昭和23）年。大正昭和期の陸軍軍人、政治家。１９２９（昭和４）年永田鉄山らと一夕会《いっせきかい》を結成し革新派の中堅将校として頭角を現す。満洲国創設後の35（昭和10）年関東憲兵司令官、37（昭和12）年関東軍参謀長。38（昭和13）年板垣征四郎陸相のもとで陸軍次官、40（昭和15）年第２次近衛文麿内閣の陸相。松岡洋右外相と組んで日独伊三国同盟の締結を進め、日本軍の仏印進駐を容認、対英米戦争の準備を進めた。41（昭和16）年10月内閣を組織、首相、内相、陸相を兼ね、大将ともなり、太平洋戦争を開始する。44（昭和19）年辞職。敗戦後、東京裁判でA級戦犯とされ、48（昭和23）年絞首刑。

■東條英機
■嶋田繁太郎（海軍）
片や傲慢、片や優柔不断、最悪のトップコンビ

統帥部の総長を兼任するという前代未聞の非常手段

（一九四四年）二月十八日、〝日本の真珠湾〟トラック島[1]は米機動部隊の奇襲をうけて壊滅。この異常ともいえる事態に**東條・嶋田**[2]のコンビがとった方策は、統帥部の総長を兼任するという前代未聞の非常手段であった。政戦略の独裁である。

およそ軍政と軍令とは混淆《こんこう》してはならないとするのは、陸海軍ともに建軍いらいの本義である。それをこのコンビは踏み破ろうとする。「難局に直面し、軍政と統帥の摩擦・矛盾が戦争遂行を大いに妨げている。政治と軍事が乖離《かいり》していては戦争はできない。それ故の兼任」と、東條も嶋田もそう説明したが、結局は同一人に過大な権力を集中することになる。それをあえて二人は強行しようとした。

当然のことながら参謀総長**杉山**（**元**《はじめ》）元帥は反対し、スターリングラード[3]の悲劇は、**ヒトラー**[4]が権力を一手に掌握した結果からきたものである、と指摘した。しかし東條はいった。

「ヒトラーは兵卒の出身である。私をそれと一緒にされては困る。自分はいやしくも大将である」

さんざん論じあったのちに、杉山は最後に、我慢がならぬようにいった。

「こんなことを君がやったら、陸軍の中が治まりませぬぞ」

「そういうことはありません。もし文句をいう者があれば、ただちに取り換えます。文句は一切いわさない」と東條は決然といい放った。

嶋田ははじめこの案をもちかけられたとき、「いや、むしろ自分は責任があるから辞めたい」と断わったが、東條は執拗《しつよう》であった。上長でもある杉山・**永野**（**修身**）両総長を排除し、直接に嶋田と抱き合うことによって、陸海軍の統帥を一元化し、みずからヒトラーのように全軍を率い戦局を挽回したい、という一縷《いちる》の望みに東條はすがった。

二月十九日、説得されて嶋田は、さっそく熱海に**伏見宮**を訪ね、「軍令部総長も兼任しないかと、首相から要請されました。引き受けようと考えますが、いかがでしょうか」と、政軍の統合調和の利点をもっともらしい理由をつけて、くどいた。伏見宮は、

「同一人が兼ねるとすれば、軍令・軍政両方に経験豊かな君がいちばん適任だろう」

とあっさり同意、それは鶴の一声となった。はじめは強く異をとなえた永野も抵抗すべくもなく、退かざるをえなくなった。のちに横須賀鎮守府長官の**豊田副武**大将が「総長兼任は陸軍の誘いによるものか」と尋ねたとき、二月二十一日に正式に総長を兼任した嶋田は胸を張っていった。

「そうではない。自分の発意である。しかし兼任したあとで報告したら、東條閣下は非常に喜ばれた」

「喜んだとは陸軍が誘ったことを示すものじゃないか。これでは陸軍の第一弾が命中したと同じだ。つぎは陸海軍統一の形で命中弾がくるぞ。これにたいし準備はあるのか」

嶋田はキッとなった。

「嶋田健在の間は、そんなことは絶対にさせぬ。何をいうか」
だが、海軍部内では航空戦備は期待はずれとなり、最低の海相が総長兼任では何をかいわんや、という空気でみな口を閉じてしまった。不満は内訌《ないこう》の形となり、表面は沈滞気味というか、あきらめのムードが海軍全体を支配した。何が、嶋田健在の間かよ、海軍はもうだめだよ、と心あるものはただ自嘲《じちょう》するばかりとなった。

（『指揮官と参謀　コンビの研究』）

注

（1）トラック島：トラック島は日本海軍が絶対国防圏の拠点としていた島。１９４４（昭和19）年2月17日から18日にかけてアメリカ軍はこの島を攻撃し無力化した。

（2）嶋田繁太郎：１６３ページ参照。

（3）スターリングラードの戦い：第2次世界大戦中の独ソ戦で、１９４２年8月から翌年2月にかけて行われ、ドイツ軍はスターリングラードをソ連軍に奪還された。

（4）アドルフ・ヒトラー：２５９ページ参照。

■服部卓四郎
■辻政信

膨大な数の日本兵を無駄死にさせた最悪のコンビ

服部は石原莞爾を超えようとして辻を起用した

山形県出身の服部は陸軍士官学校三十四期、辻は石川県出身で三十六期生。ともに陸士および陸軍大学校を優等卒のとびきりの俊秀である。辻が内剛外剛、かれのいう〝信念〟によって、行くところしばしば風雲をまきおこし、敵をつくったに反し、服部の歩みはその性格の内剛外柔にふさわしく、先輩後輩の尊敬を集めつつ、包容力ある人物として、エリート幕僚の道を一歩一歩のぼってきた。いわゆる組織の人であった。

剛毅不屈、のちに鬼参謀とか勇士参謀とかよばれた辻であるが、服部には心から信頼し尊敬する上司として仰いで仕えている。逆に暴れん坊の辻を部下としてよく使いこなした上司としては、服部が随一の人であった。

二人をよく知る旧軍人がさまざまに、二人の奇妙なとり合わせを説明してくれる。

「相反する性格が深く両者を結びつけたというほかはない。服部は自分にないものを辻のなかに見出したのだ」

「辻は単なる侍大将さ。大軍を統率できる男ではない。それができる服部に辻がうまく乗っかったのだし、服部もまた権謀術数の辣腕《らつわん》をふるうには、辻のような男が必要だったのさ」

「ともに**東條英機**に可愛がられたからだ」

それはまた、こうもいえるのであるまいか。辻という軍人は、個人の行動で局面が左右できる場合には、縦横無尽の働きができる男であったが、ひとたび組織というものの力に頼らねばならぬときは、ほとんど並みの人でしかなくなる。そのときこそ服部が必要なのだと。そしてその逆が、官僚的軍人服部における斬り込み隊長辻の存在であったのではないかとも――。

服部と郷里を同じくする先輩に**石原莞爾**がいる。服部は石原を超えようとした。だが、そのためにも石原にあっておのれにないものが、すなわち余人にはない発想、断乎たる決断とか人を引っぱる強烈なカリスマ、それが服部には必要であった。それを服部は辻のうちに見たのではないか。

そのためかどうか、関東軍司令部での参謀会議の席上では、組織の人・服部は、辻の熱弁と説得にあっさりと賛意を表明するのであった。この瞬間に、慎重論は吹きとんだ。会議の結論の決定は、いわゆる多数決方式ではなく、会議の主催者の、たとえば作戦会議であれば作戦班長の決定にしたがう、それが陸軍のきまりである。

このとき、服部は、満洲事変のときの石原の成功を夢みたのかもしれない。

（『指揮官と参謀　コンビの研究』）

ノモンハン事件は日本の敗戦につながる大きな転換点

昭和十四年に満蒙国境地帯でソ連軍と日本の関東軍が大規模な軍事衝突を起こし、日本が完敗したのがノモンハン事件である。

なぜノモンハンのことを書こうかと思ったかと言いますと、昭和史全体の流れの中で、もしこの時点でうまく教訓を学んでいれば、その後日本は国を滅ぼすようなことはなかったのではないか。そういう大きな転換点がノモンハン事件だったわけで、書くに値すると思ったんですね。だけど書き始めたときは現在の日本に似ているなんて考えもしなかった。途中でだんだん気がついて「何で無策無責任に同じ失敗を繰り返してるんだ、この野郎」って思いながら書いていたんです。

ノモンハン敗戦には、**服部卓四郎**と**辻政信**という大きな鍵を握る二人の関東軍作戦参謀が絡んでいる。彼ら作戦参謀は当時日本最高のエリートとされていたんですが、表向きは何の権限もない、司令官を補佐するスタッフなんです。ところが実際には二人の無謀な作戦計画や、勝手な命令に引きずり回されて、日本は近代化されたソ連軍に惨敗してしまうんですね。

この当時の陸軍参謀というのは、陸軍創設以来の日清・日露の輝かしい栄光の時代を受け継いだ三代目の世代に当たるんです。片や現在の官僚たちも、戦後の復興、高度成長を経たやはり三代目。両者とも先輩たちの栄光、成功体験をきちんと学ばず、それを自分自身の成功のように勘違いして驕《おご》り高ぶっていたんじゃないでしょうか。

ノモンハン当時の状況で言うと、ソ連の**スターリン**[1]は当時ドイツと日本に挟み討ちにされるのを最も恐れていた。そこで一度ヒトラーと握手しておいて、その間に日本の関東軍を叩きのめしておこうと考え、極東に近代化された大兵力を集結していました。

ところが東京・三宅坂の参謀本部も関東軍参謀本部もソ連を見くびり、無謀な作戦を強行してしまう。

だって信じられますか。ソ連軍は重戦車に機関銃なのに、日本は日露戦争のときと同じ三八式歩兵銃を使ってるんですよ。日本にだって機関銃はあるのにどうしてなんだろうと疑問に思ってたんです。それで調べてみたら、三八式歩兵銃用の弾丸が十年分余ってたから早いこと使ってしまわなきゃいけない、というのが理由なんです。日本兵は精神力でカバーして勝てると（笑）。

（「エリート秀才は失敗する　ノモンハンと大蔵省」）

勲章が欲しいがための暴走

辻、**服部**のコンビが暴走したノモンハン事件ですが、そもそも国境線をめぐる紛争が起きたときは『満ソ国境紛争処理要綱』に従って対処すべしと決まっていました。あの要綱のどこをめくっても、約八千四百人もの犠牲者を出すような大戦争をしろとは書いていません。

ところが国境紛争が発生すると、関東軍の作戦主任だった服部と、作戦参謀の辻は中央の意向を無視して、ひたすら戦局を拡大していったのです。紛争発生を奇貨とばかりに暴走した。当時、日中戦争で功績を挙げている軍人は山ほどいたが、自分たちはまだだった。彼らはやはり勲章が欲しかったのだと思いますよ。

ノモンハンの大敗により、辻、服部は一時的に閑職にまわされるものの、すぐに復活する。

服部は一年後に参謀本部の作戦課という要職に配属され、辻も服部に呼ばれて作戦課戦力班長という地位を得ている。

辻は、「ノモンハンでソ連の実力は知っている。それより南だ。南方の資源を押さえろ」と主張した。北はややこしいから今度は南というわけですが、そうなると米英との戦争は避けられません。危ぶむ同僚に対して、「戦争というのは勝ち目があるからやる、ないから止めるというものではない」と一喝するわけです。

こうした主張がまかり通る陸軍とは、いったいどういう組織だったのか。不思議でしょうがない。

（「昭和の陸軍　日本型組織の失敗」）

二人が日本を太平洋戦争に導いた

理性的な人たちがいかに功績をあげても中央に迎えられない一方で、失敗した人たちが、責任を問われることもなく繰り返し中枢に登用されています。これもまったく不可解。

そうした例の代表が**服部卓四郎**と**辻政信**のコンビです。二人とも幼年学校の出身で、関東軍の参謀として昭和十四年のノモンハン事件を主導して、ソ連に散々な敗北を喫します。ところがさして重大な責任を問われることもなく、やがて中央へ戻ってくる。昭和十五年十月に服部は参謀本部作戦班長に就任し、その服部が辻を呼んだのは十六年七月。この二人が日本を太平洋戦争に導いたといってもいいでしょう。

しかもガダルカナルの作戦では再び戦死・餓死者二万五千人という大失敗をするわけです。服部はいったん**東條**首相の秘書官に転じますが、奇怪なことにわずか十カ月半で、また作戦課長に復帰する。

服部は会ったことがなく資料を通じてしか知りませんが、私は辻あっての服部だと思うのです。服部は頭はいいが、積極的に他人を説得したり、動かしたりすることができる人間ではないように思えます。斬りこみ隊長の辻を部下として使い、あとから自分の方針を通していく。

（「昭和の陸軍　日本型組織の失敗」）

注（１）ヨシフ・スターリン：２５９ページ参照。

服部卓四郎：１９０１（明治34）～１９６０（昭和35）年。大正昭和期の陸軍軍人。関東軍作戦主任参謀としてノモンハンにおける対ソ・蒙古軍作戦を指導。１９４１（昭和16）年参謀本部作戦課長に就任して以来、各作戦指導の中心となる。戦後はＧＨＱ歴史課などで太平洋戦史の編集に従事する。陸軍大佐。

辻政信：１９０２（明治35）～?年。大正昭和期の陸軍軍人、政治家。１９３７（昭和12）年関東軍参謀。ノモンハン事件では強硬論を主張し、１個師団壊滅の大敗を喫した。参謀本部作戦班長として一貫して戦争指導に従事。バンコクで敗戦を迎えるが、戦犯指名を恐れて逃亡。帰国後は衆議院議員、参議院議員。61（昭和36）年ラオス旅行中に行方不明となり、68（昭和43）年死亡宣告。陸軍大佐。

■服部卓四郎
デマを流して部内工作をする策士

北にこりて南へ南へと思考を転回

私はノモンハンのあとが特に大事だと思っています。**辻政信**と**服部卓四郎**の二人はもうこりごりだったのでしょう、北へ出るのは。それで二人は南へ南へと思考を転回させるのです。ノモンハン後、辻はただちに台湾に行き、南方作戦を研究していますからね。

ノモンハンの一年後、服部卓四郎は陸軍参謀本部へ戻ります。そして作戦班長になっちゃう。その上の作戦課長はロシア通の**土居明夫**[1]、部長は**田中新一**[2]でした。

服部はどうしても辻を呼ぶと言う。土居は知的な人でしたから、「おまえと辻が組めばまたノモンハンと同じことをやる」と言って蹴るわけです。ところが服部は秀才ですから部内工作がうまいんですね。いつの間にか「土居という人は恐ロシア病患者の赤《アカ》だ」という風評をじわじわと流した。それで土居はだんだんと部内で浮き上がってしまうのです。

ついに土居は服部と対決して「何を言うか！」と切りこんだ。すると服部はのほほんとした顔をして、田中部長のところへ行って判断を仰ごうじゃないか、と言うわけですよ。

土居が田中部長のところへ行って「私と服部とどちらを選ぶのですか」と問いつめると、「服部を選ぶ」と。それで土居は転任ですよ。そして服部が作戦課長となり、ただちに辻を作戦班長として呼び戻した。昭和十六年七月のことでした。（『昭和史をどう生きたか』）

注（1）土居明夫：１８９６（明治29）～１９７６（昭和51）年。大正昭和期の陸軍軍人。１９４０（昭和15）年参謀本部ロシア課長、作戦課長を経て、41（昭和16）年陸軍少将。43（昭和18）年関東軍情報部長、45（昭和20）年上海の第13軍参謀長、陸軍中将。

（2）田中新一：１８９３（明治26）～１９７６（昭和51）年。大正昭和期の陸軍軍人。１９３７（昭和12）年軍事課長、39（昭和14）年駐蒙軍参謀長、40（昭和15）年参謀本部第1部長として日米開戦を強硬に主張。翌年中将。ガダルカナル戦で東條英機陸相の撤退論と対立、第1部長を解任。42（昭和17）年南方軍総司令部付、翌年ビルマ方面軍参謀長、45（昭和20）年東北軍管区司令部付。

■辻政信
反省の「は」の字もない大嘘つき

身体に入っている弾丸は、四カ国から七カ国に

ノモンハンの戦いを指揮した関東軍の作戦参謀が、**服部卓四郎**中佐と**辻政信**少佐ですね。辻は、ノモンハンは勝っていたんだ、と言うんです。しかし、指導部が自分の言うことを聞かなかったから負けたんだ、と。「戦争は指導者相互の意志と意志の戦いである。もう少し日本が頑張っていれば、おそらくソ連軍側から停戦の申し入れがあったであろう。とにかく戦争というものは、意志の強い方が勝つ」。それを参謀本部の馬鹿どもが、こっちから停戦を申し込んで、不利な条件で停戦を結んだのだというわけです。

私が辻政信に会ったのは彼が衆議院議員のときなんです。一回目に会ったときは、「まだ俺の身体には四カ国の弾が入っている」と言うんです。中国、ソ連、米国それから豪州とか、言っていました。私はまだ若かったから、はあ、四カ国ですか、と聞いていた。半年くらい経ってから二回目に会うと、今度は「七カ国の弾が入っている」。インド、英国など三カ国増えていた。さすがに恐れ入って、「エー！」と驚いたら、「嘘だと思ってるんだろう。お前の顔にそう書いてある」と言って、服を脱ぐんですよ。上半身裸になったら、実際に弾痕があることはある。一応、これがソ連だ、これが豪州だ、これがビルマでこれがイギリスだ、と示すのですが、それを聞きながら、なるほど、これは大嘘つきだと思いました。

人を惹きつける迫力のようなものはあったのではないでしょうか。眼光も炯々《けいけい》としていたし。私の取材した範囲では、辻に接した兵隊さんはみんな彼を褒めるんですね。あのぐらい立派な参謀はいなかったと言う。というのは、他の参謀はみんな後ろに下がっていて、最前線へ出てこない。ところが、辻は出て来る。ノモンハンでも、ガダルカナルでも、インパールでも最前線には行っているんですね。だから、特にノモンハンの生き残りの兵隊さんはみんな、あのぐらい立派な人はいない、と。

関東軍でも大本営でも辻と一緒だった作戦参謀の**朝枝《あさえだ》繁春**[1]（陸軍中佐）に、辻さんはなんで亡くなったのでしょうと聞くと、こんな話をしていました。

辻は敗戦後、『潜行三千里』で中国に逃れ、**蔣介石**[2]に匿《かくま》われて重慶にいたのですが、その時期に、黄金の三角地帯（タイ・ラオス・ミャンマーが国境を接する山岳地帯）でアヘンを仕入れ、かなりの量を隠匿していた。辻はそれを回収して中国で売り、選挙資金にするつもりだったが、預けておいた相手が代替わりしていたためにトラブルとなり、ラオスかどこかで殺されたのではないか――と。真偽のほどはわかりません。

いずれにしても、ノモンハン事件が拡大し、多くの犠牲を出した張本人は、辻・服部コンビですよ。彼らが参謀本部の制止を全然聞かなかったために、泥沼化した。

（「失敗の昭和史　日本海軍とノモンハン」）

戦後は国会議員として国家の中枢で大手を振って歩いた

私は一度、（辻に）議員会館で会ったことがありまして。とにかくよく喋るんです。ともかく反省の「は」の字もない人でした。

戦争が終わって、講和条約を結んで日本は独立したから、全部チャラになった、責任なんて感じる必要がないんだと思ったんでしょうかね。

辻には躁うつの印象があったという。

私が会ったときも躁状態だったのかな。ともかく、**辻政信**という軍人が参謀本部の作戦課、つまり陸軍の中枢にいたというのは、おっかない時代だと思いますね。一方には責任を痛感して蟄居して静かに生活している人もたくさんいたのに、あれだけの作戦の失敗や謀略をやっておきながら、戦後はまたまた国会議員として国家の中枢で大手を振って歩いているんだから。

（「指揮官たちの戦後」）

注

（1）　朝枝繁春：188ページ参照。

（2）　蒋介石：258ページ参照。

■牟田口廉也
日中戦争を起こしインパール作戦を指揮した無責任の代表格

停戦協定締結の動きを知りながら攻撃を行った

昭和十二年七月七日の夜半、北京郊外の盧溝橋付近で演習を行っていた日本陸軍の支那駐屯軍に、やはり同じように夜間演習をしていた中国軍から数発の銃弾が撃ち込まれました。

これでただちに戦争が起こったかのように巷間言われています。つまり「運命の一発」で日中戦争がはじまってしまったと。

しかし事実はそうではありません。それは偶発的にはじまった日中両軍一個中隊の小競り合いにすぎず、ほかでもない現地の日中両軍間では、事件の翌々日、盧溝橋にほど近い宛平県城《えんぺいけんじょう》において停戦に向けての協議がなされていたのです。

紛争はこれで幕を閉じるはずでした。ところが停戦協定の翌日十日の午後四時。ふたたび銃弾が、こんどは日中両軍に撃ち込まれて戦火が一挙に拡がってしまった。

　せっかくの停戦協定を叩き壊すようにいったい誰が撃ち込んだのか、現代史のナゾとなっています。が、その戦闘再開の裏には日本軍の連隊長の独断専行という大きな原因がひそんでいます。すなわち**牟《む》田《た》口《ぐち》廉也《れんや》**連隊長がその人で、独断で抗戦命令をくだし、事後報告を受けた**河辺正三《まさかず》**(1)旅団長が無言のままこれを認可したからでした。牟田口は停戦協定締結の動きを知りながら攻撃を行ったのです。

　この人は昭和十九年三月、三個師団七万五千人あまりの日本軍を、飢餓と弾薬不足によってジャングルの泥濘のうちに白骨化させたインパール作戦を指揮することになるのですが、そのときの上長もまた河辺正三でした。

　しかも、牟田口が抗戦命令を下したその翌日の十一日、首相の**近衛文麿**は声明を出し、「今次事件はまったく支那側の計画的武力抗日なること、もはや疑いの余地なし」と断言しあっさり兵力の増派を決めてしまいました。

　以降、四年半に及ぶ泥沼の日中戦争には、昭和十六年十二月八日の真珠湾攻撃の日までに、じつに百億円もの戦費が投じられ（現在の価値にして約二十兆円）、四十五万五千七百人もの日本兵が戦死することになるのです。

（「半藤さんが精査した朝日新聞秘蔵写真」）

七万二千人以上を死なせても責任は感じない

自分は悪くないということにこだわりつづけた人もいる。典型はインパール作戦の**牟田口廉也**中将です。

戦後、私は何度も会いましたが、そのたびに「外で話そう」と言われて、江戸川の土手で話すんです。そして、自分の作戦構想を誉めたイギリスの本の内容を解説して、自分の作戦の正しさを主張する。なぜ俺が悪者にされなきゃならないんだ、と激昂するんです。あれは部下が無能で意気地がなかったから失敗したんだ、自分は悪くないんだと。

しかし、あの無謀な作戦で戦死者が三万人以上、餓死者と戦病死者が四万人以上、実に七万二千人以上が亡くなり、生き残ったのは一万二千人だった。それでも責任を感じようとしなかったんですからね。

昭和四十一年に七十七歳で亡くなっています。最後まで犠牲になった兵士たちへの謝罪の言葉はなかったようですね。牟田口は**宮崎繁三郎**と正反対で、常に前線から遠いところで遊興にふけり、司令部に危険が及ぶとすぐに後方に移動する。インパールの生き残りの兵士たちは、どんな思いでいたのか。

（「指揮官たちの戦後」）

注

（1）河辺正三：1886（明治19）〜1965（昭和40）年。大正昭和期の陸軍軍人。1937（昭和12）年盧溝橋事件の際の支那駐屯歩兵旅団長。43（昭和18）年ビルマ方面軍司令官となりインパール作戦を指揮するが、失敗し解任。45（昭和20）年陸軍大将。

牟田口廉也：1888（明治21）〜1966（昭和41）年。大正昭和期の陸軍軍人。1937（昭和12）年盧溝橋事件時、支那駐屯歩兵第1連隊長として現場を指揮。43（昭和18）年インド侵攻をはかり、翌年インパール作戦を実施。無謀な用兵により将兵10万の半数を失う。陸軍中将。

■杉山元
天皇の信頼薄い〝三等重役〟

「また天ちゃんに叱られちゃったよ」とペロリと舌をだした

近衛文麿『失はれし政治』（朝日新聞社）、『杉山メモ』（原書房）などの史料の伝える（昭和十六年）九月五日、この日の**天皇**と**杉山元**《はじめ》参謀総長との一問一答はあまりにも有名である。

天皇「アメリカと戦争となったならば、陸軍としては、どのくらいの期間で片づける確信があるのか」

杉山「南洋方面だけは三カ月くらいで片づけるつもりであります」

天皇「杉山は支那事変勃発当時の陸相である。あの時、事変は一カ月くらいで片づくと申したが、四カ年の長きにわたってても片づかんではないか」

杉山「支那は奥地が広いものですから」

天皇「ナニ、支那の奥地が広いというなら太平洋はもっと広いではないか。いかなる確信あって三カ月と申すのか」

書き写していても情けなくなる杉山の出任せの答弁である。天皇の厳しい叱責に、杉山は「また天ちゃんに叱られちゃったよ」とペロリと舌をだした話も伝えられている。

（「昭和天皇と明治天皇――なぜ明治は勝利し昭和は敗れたのか」）

ついたあだ名が「グズ元」。またの名を「便所のドア」

杉山元なんですよね、太平洋戦争開戦時の参謀総長が。ああ、と言いたくなる。

（杉山はどうしてそこまで偉くなったのか）さあ、そこですよ（苦笑）。まず言えるのは二・二六事件で上が飛んだからということ。いわば〝三等重役〟ですよ。陸大の成績も十五番ですから、輝かしい成績とも言えない。「精励恪勤《せいれいかつきん》、承詔必謹」の姿勢が**宇垣一成《かずしげ》**(1)に評価されて、エリートコースにのったと言われています。

杉山が陸軍大臣のときに盧溝橋事件が起きたのですが、省内をまったく統制できず、ついたあだ名が「グズ元」。またの名を「便所のドア」。その心は「押せばどちらにでも開く」。

杉山は昭和二十年九月十二日に自決するが、八月十五日に死んだ**阿南惟幾**陸相などに比べると、ずいぶんと遅い。

ちょっと彼を弁護しますと、前線に出ていた兵の復員を全部すませてから自決することを、杉山は敗戦直後から決めていたのです。兵をスムーズに武装解除、復員させなければ暴動が起きるかもしれない。それが終わるまでは死ねない、と考えていた。ところが夫人には説明していませんから、「早く死ね、早く死ね」と矢の催促をされたそうです。国防婦人会の会長などを務めていた杉山夫人は、夫と自分の戦争責任を強く感じていた。

後始末が終わり、「第一総軍司令官としての役割は終わったから、これで死ぬ」と言って、杉山はピストルを手に自室に入りましたが、しばらくするとドアを開けて顔を出して、「このピストルは弾が出ないぞ」と言ったそうです。副官が見て、「閣下、安全弁がかかっております。これを外さないと」と外して渡したところ、「今度は大丈夫か」と言って死んだのです。

自決したあとに副官が夫人に電話で報告したら、「間違いないでしょうね」と、疑った。

「間違いありません」と言ったら、夫人は安心して、自分も直後に胸を突いて亡くなったそうです。（「昭和の陸軍　日本型組織の失敗」）

注（１）宇垣一成：１８２ページ参照。

杉山元：１８８０（明治13）～１９４５（昭和20）年。明治大正昭和期の陸軍軍人。１９２８（昭和３）年軍務局長、30（昭和５）年陸軍次官。航空本部長などを経て36（昭和11）年教育総監、大将。37（昭和12）年陸相。40（昭和15）年から参謀総長、43（昭和18）年元帥、翌年小磯国昭内閣で陸相。敗戦後に自決。

■瀬島龍三
シベリア抑留について死ぬまで明かさなかった大本営参謀

「お前なんかが言う筋合いではない」

瀬島は陸大は首席卒業で、天皇を前に講義する御前講演の栄に浴している。

そして参謀本部作戦部作戦課に配属された。ここで**服部**（**卓四郎**）や**辻**（**政信**）などと机を並べていたのですから、彼らが果たした役割について話してくれると、あの戦争の裏面を解明することができると思うのですが、一切しゃべりませんね。

瀬島もそうですが、作戦部は陸大の優等生ばかりがいる奥の院なんです。この「優等生」というのは何を意味するのかといえば、あまり余計なことを言わないで、力のある人間にお任せ。自分たちはそれに乗るだけという人たちのことです。

作戦部は三宅坂の参謀本部二階にあったが、ドアの前には常に衛兵が二人いて、作戦部員以外は入室できなかった。

私が聞いた範囲では、インパール作戦を視察してきた情報部の参謀が「戦況が悪いから退却したほうがいい」と具申したところ、瀬島が「余計なこと言うな。お前なんかが言う筋合いではない」と怒鳴ったというのですよ。つまり「お前は奥の院のものにあらず」ということです。

それぐらい奥の院の人たちはのぼせ上がっていた。周囲の声や情報を聞かず、自分だけが正しいと思い込んでいたのです。（「昭和の陸軍　日本型組織の失敗」）

陸軍参謀のあと、戦後は国の参謀として活躍

昭和三十一年にソ連から帰還した**瀬島**氏は伊藤忠商事に入り、高度成長期の企業参謀として腕を振う。さらに五十六年には臨時行政調査会（第二臨調）委員に、五十八年には臨時行政改革推進審議会（行革審）委員に就任、いわば国の参謀として活躍した。

瀬島氏が昭和史の中で果たした役割は決して小さくない。しかし公人として大きな影響力を持ちながら、瀬島氏はめったに自分を語らず、シベリア抑留についてもほとんど沈黙を通してきた。

今回（『文藝春秋』１９９０年９月号）、初めて停戦交渉について語ったわけである。編集部では、続けて瀬島氏の極東軍事裁判にソ連側証人として立った経緯、十一年間の抑留生活その他についてもインタビューしたい旨を何度も要請したが、「それについては時間をかけて自分なりに記憶を呼び戻し、間違いのないようにしたい」と、断わられてしまった。

しかし、インタビューの最後に、瀬島氏はこうも語った。

「いずれ、大本営時代のことも含めて、全てきちんとまとめたいという気はあります」

その言葉に期待したい。

（「シベリア抑留の『密約』説を糾す」）

瀬島龍三：１９１１（明治44）～２００７（平成19）年。昭和期の陸軍軍人、財界人。１９３５（昭和10）年第１機関銃中隊長として満洲に出征。39（昭和14）年大本営の参謀本部作戦課に配属。41（昭和16）年日米開戦の命令書を起案。45（昭和20）年７月関東軍参謀として満洲に赴き、中佐で終戦。56（昭和31）年までシベリアに抑留。57（昭和32）年伊藤忠商事に入社。78（昭和53）年から会長、のち相談役、特別顧問。

第四章

残念な軍人たち　海軍篇

■末次信正
「統帥権干犯」問題の仕掛け人

ロンドン海軍軍縮条約が海軍を政治に結びつけた

海軍は政治に弱い、としばしば言われます。その海軍が政治と結びついたのが昭和五年、ロンドン海軍軍縮条約[1]のさいの「統帥権干犯」問題[2]でした。条約の批准に反対するため、艦隊派[3]の**加藤寛治**《ひろはる》[4]や**末次**らが政友会と結びついて、条約締結は統帥権[5]を干犯するものだ、とぶちあげたのです。

私は、加藤寛治自身は直情的に過ぎて、政治的な策謀ができるような人物ではないと思うんですよ。五・五・三のワシントン条約が結ばれると、憤慨のあまり鼻血を出してしまったという直情径行型です。むしろこの「統帥権干犯」問題の仕掛け人は、軍令部次長だった末次信正でしょう。末次は加藤の下でワシントン会議にも随員として参加しています。

（「昭和の海軍　エリート集団の栄光と失墜」）

注

（1）ロンドン海軍軍縮条約：1930（昭和5）年1月からロンドンで開かれた英・米・日・仏・伊5大海軍国会議の結果、英米日の3カ国間だけで締結された条約。翌年1月公布。大型巡洋艦をイギリス14万6800トン、アメリカ18万トン、日本10万8400トンに、ほか小型巡洋艦、駆逐艦、潜水艦などを制限したが、実際の3カ国の現有量と協定量との差は小さく、軍縮の意義はあまりなかった。

（2）統帥権干犯問題：1930（昭和5）年浜口雄《お》幸《さち》内閣のロンドン海軍軍縮条約調印をめぐって、海軍軍令部の承認なしに兵力量を決定することは、天皇の統帥権を犯すものとして、軍部や野党が同内閣を攻撃した問題。

（3）艦隊派：ロンドン海軍軍縮条約締結をめぐり、海軍部内では、条約に強硬に反対する艦隊派（統帥派）と条約派（軍政派）の対立が激化した。条約に敵意を持つ軍令部と中堅将校らのつきあげにより、海軍省首脳の統制力は弱まっていった。

（4）加藤寛治：1870（明治3）～1939（昭和14）年。明治大正昭和期の海軍軍人。戦艦「三笠」の砲術長として日露戦争に参加。軍艦「筑波」「伊吹」の艦長を歴任、海軍砲術学校校長、第5戦隊司令官、海軍大学校長など。続いて、連合艦隊司令長官、軍令部長、軍事参議官などを経て、1935（昭和10）年予備役。大将。

（５）統帥権：１８７７（明治10）年の西南戦争の翌年に山県有朋の発案で制定された参謀本部条例に起源を持つ。軍を統率、指揮する最高の権能で、陸軍の軍事に関する限りは、参謀本部長が参画し親裁を受けるとされていた。戦前の明治憲法下では天皇が参謀総長、軍令部総長の輔弼のもとに行使し、政治の介入を許さないことになっていた。

末次信正：１８８０（明治13）～１９４４（昭和19）年。明治大正昭和期の海軍軍人、政治家。第１潜水戦隊司令官、教育局長などを歴任し、１９２８（昭和３）年軍令部次長。30（昭和５）年ロンドン海軍軍縮条約に反対。その後第２艦隊司令長官、連合艦隊司令長官を経て34（昭和９）年大将。退役後、37（昭和12）年第１次近衛文麿内閣の内相。

■伏見宮博恭王
半藤が海軍でもっとも責任が重いと断ずる皇族軍人

親独派で日米開戦論者だった皇族総長には誰も逆らえなかった

私が海軍でもっとも責任が重いと思うのは、軍令部総長だった**伏見宮博恭王**です。もとは**及川**（**古志郎**）も**嶋田**（**繁太郎**）も戦争反対の立場だったのですが、この親独派で日米開戦論者だった皇族総長の意向にはとても逆らえなかった。

実は**昭和天皇**も、日米開戦を推し進める伏見宮の動きを懸念していて、三国同盟締結の直後に総長を交代させたいと考えるのです。しかし、相手は大正天皇より四歳年上ですから、直接は言えない。そこで侍従武官長を通して、海軍に意向を伝えるんですよ。

そうして昭和十六年の春に、連合艦隊司令長官や台湾総督などを歴任した**小林躋造**《せいぞう》(1)、元首相の**岡田啓介**(2)、そして**米内光政**の三人が伏見宮降ろしに動き出すのです。

軍令部総長には米内が就き、及川古志郎は連合艦隊司令長官に回し、後任の海相は**山本五十六**にする。次官に**井上成美**を呼ぶという布陣で、戦争に反対しようという構想をたてた。ところが猫の首に鈴をつけにいく人がいない。モタモタしている間に不穏な空気を察した伏見宮が昭和十六年四月に自ら辞めるんですが、このとき後任に**永野修身**を指名したのです。

それで海軍長老たちの計画もご破算になってしまった。ところが半年後に近衛が内閣を投げ出したので、再び山本五十六に海軍大臣の目が出てきた。もし海軍にノーと言うチャンスがあったとしたら、このときが最後だったでしょう。しかし、軍令部総長を辞めたあとも事実上、人事権を握っていた伏見宮の鶴の一声で、海軍大臣は嶋田繁太郎に決まってしまいます。

なぜ嶋田かというと、伏見宮は昭和七年から十六年まで軍令部のトップにいたのですが、嶋田はその下で忠誠を尽したのだといいますね。海軍の人に聞くと、対米戦争反対派だった嶋田が、伏見宮へ就任の挨拶へ行って帰ってきたとたんに「断固、戦争だ」と豹変したそうです。

開戦か非戦かというギリギリのところで、及川、嶋田、そして軍令部総長の永野と、無責任きわまるイエスマンをトップにそろえた伏見宮の責任はもっと問われてしかるべきです。伏見宮は昭和二十一年八月に亡くなっていますが、もしも存命で、開戦時に軍令部総長だったら、東京裁判で危なかったでしょうね。

（「新・東京裁判――決断しないリーダー、暴走する組織」）

特攻作戦へと踏み切らせた張本人

参謀本部も軍令部も、もう戦争の行方は絶望だと考えていました。本土空襲を覚悟しなきゃいけない、こうなれば字義どおり国家総力戦で、戦地も銃後もない。あらゆるところを戦場とみなして、日本国民は最後の一兵まで戦う……そういう見通しでいたんですが、**昭和天皇**はどうしてもマリアナ諸島を失うことに納得しない。なんとかならないか、奪還は完全に不可能なのかと、今度は元帥を集めて意見を聞きます。

（昭和十九年）六月二十五日、**伏見宮**、**梨本宮**（守正王）[3]、**永野修身**、**杉山元**（閑院宮は病欠）の四元帥が集まり天皇の前で会議を開きました。が、結局、マリアナ諸島を失うのは避けられません、と。では、やむを得ないのか、残念だと言って、天皇は引っ込んでしまいました。正式の会議はそれで終わりなのですが、その後の懇談に入ったとき、伏見宮海軍元帥がこう言ったんです。

「戦勢がこのように悪化しては、陸海軍とも、なにか特殊の兵器を考え、これを用いて戦争をしなければならぬ。この対策は急がねばならない。当局は当然のこと研究していることと思うが、航空機、軍艦、小舟艇とも特殊のものを考案し、迅速に使用することを要す」
これを陪席していた**東條英機**陸軍大臣兼参謀総長、それから**嶋田繁太郎**海軍大臣兼軍令部総長と、トップの二人が聞いておりました。東條が「陸軍としては風船爆弾を三万個つくって、それをアメリカへ飛ばそうと考えております。対戦車挺身爆雷そのほか新兵器を二、三考究中であります」と答え、嶋田も、「海軍は、もちろん、新兵器を考究中であります」と答え、会議が終わりました。

結論から言いますと、この伏見宮の言葉が大きかった、とわたくしは思うんです。それまで軍令部も参謀本部も、決死の兵器を研究し、試作品をつくっているが、さすがに「九死一生」の戦理を完全に無視している「死の兵器」を使っての攻撃を実行に移すことはできない、ましてや大々的な作戦計画として命令することはできないと躊躇《ちゅうちょ》していたところを、踏み切らせてしまったんです。

これ以降は、作戦実行へと、まっすぐに進んでいきます。

東條英機は参謀本部に帰るなり、前から考えていた「特別な攻撃方法」を具体化すると言い出し、正式には七月七日に市ヶ谷の参謀本部で航空機による体当たり攻撃の研究を指示しています。

嶋田繁太郎も、すぐに奇襲兵器の促進係を設け、七月一日付で大森仙太郎中将という人を実行委員長に決めました。この奇襲兵器というのは、黒島亀人が発案し、艦政本部で現在実験製作中の体当たり戦闘機、装甲爆破艇、大威力魚雷という、つまり震洋とか回天です。大森仙太郎という人は水雷屋さん、魚雷の専門家なんですから、その後、海軍特攻部長として兵器の整備、志願者募集、と進めていきます。いいですか、もう中央の組織の中には特攻部が編成されているのです。

（『あの戦争と日本人』）

注（１）小林躋造：１８７７（明治10）〜１９６２（昭和37）年。明治大正昭和期の海軍軍人。１９２３（大正12）年軍務局長、26（昭和１）年中将。30（昭和５）年海軍次官、33（昭和８）年連合艦隊司令長官、大将。36（昭和11）年予備役編入し40（昭和15）年まで台湾総督。太平洋戦争中は早期終戦を唱えた。44（昭和19）年小磯国昭内閣が成立すると、翼賛政治会総裁となる。貴族院議員。

（２）岡田啓介：１８６８（慶応４）〜１９５２（昭和27）年。明治大正昭和期の海軍軍人、政治家。日清・日露戦争、第１次世界大戦に従軍。１９２４（大正13）年大将、同年から26（昭和１）年まで連合艦隊司令長官。27（昭和２）年の田中義一内閣、32（昭和７）年の斎藤実内閣で海軍大臣。34（昭和９）年内閣総理大臣。開戦後は東條英機内閣打倒運動の中心となった。

（3）梨本宮守正王：1874（明治7）〜1951（昭和26）年。明治大正昭和期の皇族、陸軍軍人。フランス陸軍大学に学び、日露戦争に参戦。1919（大正8）年軍事参議官、23（大正12）年陸軍大将、32（昭和7）年元帥。

伏見宮博恭王：1875（明治8）〜1946（昭和21）年。明治大正昭和期の皇族、海軍軍人。伏見宮貞愛《さだなる》親王の第1王子。海軍大学校長、第2艦隊司令長官などを歴任。1932（昭和7）年軍令部長、翌年軍令部総長。大将、元帥。貴族院議員。

■及川古志郎

対英米開戦路線を進めた無責任男

問われても、「総理一任」というばかり

これは私の持論ですが、対米戦争に向かう中で、もう引き返せないというポイント・オブ・ノーリターンは、昭和十五年九月、**近衛**内閣のときに締結された日独伊三国同盟です。もともと三国同盟に反対していた海軍が、どうしてこの時点で賛成したのか。ここが大きな分かれ目だったと思うのです。

昭和十三年から十四年にかけて、陸軍はドイツとの軍事同盟を結ぼうとさまざまに働きかける。それを阻止したのが**米内光政**海相、**山本五十六**海軍次官、**井上成美**軍務局長を中心とする海軍だった。三国同盟を認めよという陸軍などからの圧力はもの凄く、米内の次の海軍大臣、吉田善吾はそのプレッシャーに耐えかねて体を壊し辞任する。そして、次の**及川古志郎**海相が、ついに同盟の締結を認めてしまう。

情けないことに、このとき海軍が三国同盟に同意したのは予算獲得のためだったのです。三国同盟を結べば、アメリカとの戦争に備えるために陸軍と同じ予算をつけると言われ、それに応じてしまった。予算陸海平等というのは海軍の悲願でしたからね。結局、陸軍への対抗意識で戦争を始めてしまったようなものですよ。

及川がさらに情けないのは、翌十六年十月、近衛の私邸、荻外《てきがい》荘に**東條英機**陸相、及川海相、**豊田貞次郎**外相、**鈴木貞**一企画院総裁が集められ、開戦するか、アメリカの要求を呑んで中国から撤兵するか、という重大な会議を開いたときです。近衛としては海軍から「戦争は出来ない」という言葉を引き出して、陸軍に対抗したかったのですが、近衛に方針を問われた及川は、「総理一任」というばかりで、とうとう海軍としての立場をはっきりさせなかった。

及川だって本音はアメリカに勝てると思っていないし、非戦のはずなのですが、海軍が反対だから戦争ができないと非難されるのが嫌だったのでしょうね。

（「新・東京裁判――決断しないリーダー、暴走する組織」）

> 及川古志郎：1883（明治16）～1958（昭和33）年。明治大正昭和期の海軍軍人。1928（昭和3）年少将、30（昭和5）年軍令部作戦班長、32（昭和7）年海軍兵学校長、35（昭和10）年第3艦隊長官、航空本部長、39（昭和14）年大将、翌年第2次近衛文麿内閣の海相となり三国同盟条約締結に踏み切る。対英米開戦路線も進める。辞任後軍事参議官、海軍大学校長、44（昭和19）年軍令部総長。

■嶋田繁太郎
艦長に艦とともに死ぬことを強いた東條の男メカケ

「艦長は艦と運命をともにすべし」という訓示

第一次世界大戦のあたりまでは、艦長が沈みゆく艦から脱出してもペナルティを受けた者はほとんどいなかった。

嶋田繁太郎が海軍大臣になったとき「艦長は艦と運命をともにすべし、という精神でのぞめ」と訓示を出していますね。現場の艦長たちは真面目ですから、それに殉じてしまう。こんなひどい話はありません。

「命を惜しむ卑怯者」というけれど、兵器の劣勢や作戦のお粗末さを精神主義で誤魔化す上層部のほうが、はるかに卑怯者であったことは間違いありませんね。

（「帝国海軍vs米国海軍　日本はなぜアメリカに勝てないのか」）

開戦論者である伏見宮にコロリとなびいた

及川（**古志郎**）の後任である**嶋田**も、開戦の二カ月前に海軍大臣に抜擢されるまで、対米戦争にはかなり消極的でした。「戦機を逸するからといって戦争するのは愚の骨頂だ」と言っていたそうです。ところが**伏見宮**に呼ばれて「お前を海軍大臣にする」と言われたら、開戦論者である伏見宮にコロリとなびいて「戦機を失うのは最もいかん」と豹変する。宮様の言葉にはつねに従順だったといいます。

（「昭和の海軍　エリート集団の栄光と失墜」）

「嶋ハンは東條の男メカケだ」

最後の海軍大将**井上成美**は、先輩の**嶋田繁太郎**大将にたいして、

「大臣の器にあらず」

と烙印《らくいん》をおした。また海兵三十二期の同期生である**山本五十六**大将も、かれが**東條英機**

内閣の海軍大臣として、ついに対米開戦に猪突《ちょとつ》猛進することに判を捺《お》したことを歎いて、

「嶋ハン（繁）はおめでたいから」

と厳しくクラスメイトを評した。

昭和十六年十月の東條内閣成立から、十九年七月の総辞職前日までの三年間、海軍大臣として、さらに十九年二月から八月までは軍令部総長をも兼務し、太平洋戦争における海軍の政戦略を指導した海軍最高のリーダーであったこの人ほど、悪評にさらされる提督はいない。その最たるものは「嶋ハンは東條の男メカケだ」であり「東條の副官」であった。

（『指揮官と参謀　コンビの研究』）

嶋田繁太郎：1883（明治16）～1976（昭和51）年。大正昭和期の海軍軍人。1915（大正4）年海軍大学校卒。連合艦隊参謀長、軍令部次長などを歴任後、40（昭和15）年支那方面艦隊長官、大将に昇進。翌年東條英機内閣で海相。東京裁判でA級戦犯として終身刑の判決を受けるが、55（昭和30）年仮出所、58（昭和33）年赦免。

■石川信吾
対米戦に突き進んだ危険極まりない人物

まさしく昭和海軍が生んだ不規弾

昭和十五年（一九四〇）十月に、海軍省軍務局長に就任した**岡敬純**《たかずみ》[1]は、陸軍にひきずられることなく自主的に国防政策を策定しようと、新設の政務機関、軍務局第二課をつくりました。その課長におさまったのが**石川信吾**です。

じつは海軍省人事課はこれに猛反対でした。「石川大佐は〝不規弾[2]〟の確証のある人物である。その性格からみて、二課長のような重要配置におくのは危険きわまりない」と。

石川はまさしく昭和海軍が生んだ不規弾でした。すったもんだのあげく、結局岡軍務局長の是非にとの要望で人事課も折れて石川が二課長に就任。そして海軍中央は対米戦争への有事に備えて人事や機構の整備を進め、そして昭和十五年（一九四〇）の暮れにつくったのが「海事国防政策委員会」です。これがつまるところ、対米戦争への道を押し開いていくための委員会でした。

この機関のことを、のちに**井上成美**が「百害あって一利なかった」と断じています。

（『昭和史裁判』）

注

（1）岡敬純：１８９０（明治23）～１９７３（昭和48）年。大正昭和期の海軍軍人。１９３６（昭和11）年「迅鯨」艦長、39（昭和14）年軍令部情報部長、少将。翌年軍務局長、42（昭和17）年中将、44（昭和19）年海軍次官。翌年6月予備役。東京裁判でA級戦犯となり終身禁錮となるが、54（昭和29）年病気のため仮出所。

（2）不規弾：一斉射撃で飛び出した砲弾のなかの、ときにあらぬ方向へ飛んでいく弾のこと。

石川信吾：１８９４（明治27）～１９６４（昭和39）年。大正昭和期の海軍軍人。「艦隊派」末次信正らの直系となり、対英米強硬論を唱える。１９３６（昭和11）年「知床」「厳島」各艦長、北支特務部などを経て、40（昭和15）年新設の軍務局第2課初代課長となり、対英米主戦論者として開戦路線を推進した。42（昭和17）年少将、44（昭和19）年運輸本部長。

■永野修身
陸軍と競って主戦論をぶちあげた「グッタリ大将」

天皇に対してもふてぶてしい海軍の最高責任者

太平洋戦争の場合には（御前会議は昭和十六年）七月二日、九月六日、十一月五日、そして十二月一日の四回である。簡単にいえば、わが国策目的達成のために「対英米戦も辞さぬ」覚悟（七月）から、「戦争を辞せざる決意の下に」外交交渉をおこない、「十月上旬頃に至るも尚我要求を貫徹し得る目途なき場合に於《おい》ては、直に対米（英蘭）開戦を決意す」（九月）となり、さらに十一月いっぱいまでに「外交手段による交渉不成立の場合は、開戦とする」（十一月）までのぼりつめ、ハル・ノート[1]を突きつけられ「八日、開戦と決す」（十二月）と、日本政府は清水の舞台から飛び下りたのである。

昭和天皇はこのかんに何度も「戦いではなく、外交に重点をおくのであろうな」という旨を、内閣や統帥部に念を押している。そのつど首相も外相も統帥部も「そのとおりであります」と確答している。しかし、国をあげての打開を目的の外交努力というよりは、むしろ日米戦争は「宿命」と観じて十二月開戦を目標にして、着々と戦備を整えていったように見えてならないのである。

そのことを物語るいくつかの軍統帥部の総長の発言を挙げてみる。

『木戸幸一日記』によれば、七月三十一日、**永野修身**軍令部総長は「物がなくなり、逐次貧しくなるので、どうせいかぬなら早いほうがいいと思います」と戦争決意を天皇に上奏した。天皇はいった。

「戦争となった場合、日本海海戦のような大勝は困難であろう」

永野はシャアシャアとして答えた。

「日本海海戦のごとき大勝はもちろん、勝ちうるかどうかもおぼつきません」

これが海軍の最高責任者だ、というのだから。

（「昭和天皇と明治天皇――なぜ明治は勝利し昭和は破れたのか」）

「国家百年の計のために、よろしく開戦を決心すべきであります」

昭和十六年九月六日の御前会議。**昭和天皇**が**近衛**内閣に何度も念を押した外交第一主義は、この会議においては気休めにすぎなくなった。

天皇はこの六日朝、**木戸幸一**[2]内大臣をよんで、「今日の御前会議は大事と思うのでいろいろ質問したいがどうか」と下問した。木戸はこれをおしとどめた。

「最後に〝統帥部は政府の外交工作の成功に全幅の協力をせよ〟との意味のご警告を遊ばすぐらいにしたほうがよろしいかと思います」

天皇はこれにうなずいた。

宮中東一の間でひらかれた御前会議がはじまるとすぐ、**永野**総長が立ち上がって主戦論を大いにぶちあげる。先制攻撃と作戦地域の気象の関係から、開戦決意の時期を十二月に決定したことを報告したうえで、

「大坂冬の陣のような一時の和平をえて、翌年夏には手も足もでないような状態になってから戦争せよ、ということにならぬよう、国家百年の計のために、よろしく開戦を決心すべきであります」

さらに、**杉山**（**元**）参謀総長が永野に負けじと主戦論。日米交渉は狡猾な米英の術策であるといわんばかり、果敢な戦争決意をうたいあげた。

（「昭和天皇と明治天皇――なぜ明治は勝利し昭和は破れたのか」）

「グッタリ」なのは、若くて美人の後妻をもらったため

永野軍令部総長は、「グッタリ大将」と異名をとった。「グッタリ」なのは、若くて美人の後妻をもらったために、夜が大変で、会議の時にはいつもグッタリ、しばしば居眠りまでしていた、といわれていますが。

（「昭和の海軍　エリート集団の栄光と失墜」）

「戦機は後には来ない。今がチャンスだ」

開戦直前の十一月二日の大本営政府連絡会議のことです。**賀屋**《かや》**興宣**《おきのり》（3）蔵相や**東郷茂徳**（4）外相が、アメリカが戦争をしかけてくるはずはない、今、戦争を決意する必要はないと、さかんに反対論を述べるのに、**永野修身**軍令部総長が怒鳴りつけるように言うんですよ。

「来たらざるを恃《たの》むことなかれ、という言葉もある。先のことは一切不明だ、安心はできないのだ。三年たてば南の防衛（米英蘭の防備）は強くなる。敵艦も増える」

そこで賀屋が「では、いつ戦争をしたら勝てるというのか」と聞くと、永野が叫んだ。

「今！　戦機は後には来ない。今がチャンスだ」

これで戦争に闇雲に突入していったんですよ。

いつでも破局への運動というのは人々を誘惑するんですよね。軟弱を唱える者には「それでは日本が成り立たない」と脅迫し、そして破滅がさらに組織化される。早い話が、破滅への欲求が暴力となる。

歴史はそのことを教えてくれているんですがね。

（『ナショナリズムの正体』）

注

（1）ハル・ノート：1941（昭和16）年11月26日（日本時間27日）、太平洋戦争直前の日米交渉の末期に、アメリカ国務長官ハルにより日本側に手交されたアメリカ側対案。内容は日本の中国および仏領インドシナからの全面撤兵、重慶を首都とする国民党政府以外には中国におけるいかなる政権も認めないことなど、きわめて強硬な対日要求で、日本側はハル・ノートをアメリカの最後通告とみなした。

（2）木戸幸一：２３９ページ参照。

（3）賀屋興宣：１８８９（明治22）～１９７７（昭和52）年。大正昭和期の官僚、政治家。１９４１（昭和16）年太平洋戦争開戦時の大蔵大臣で、東郷茂徳外相と共に開戦には終始反対した。敗戦後、東京裁判で終身禁錮刑を受けるが、55（昭和30）年に仮釈放、58（昭和33）年に赦免され、同年の総選挙に立候補して当選。以降、岸信介内閣の安保改定や池田勇人内閣の所得倍増政策などで尽力、自民党右派の政治家として活躍した。

（4）東郷茂徳：１８８２（明治15）～１９５０（昭和25）年。大正昭和期の外交官。１９４１（昭和16）年に東條英機内閣の外相だったが、翌年、大東亜省の設置に反対して辞任。45（昭和20）年鈴木貫太郎内閣のときに外相として太平洋戦争の終結に努力した。戦後、東京裁判で禁錮20年の刑を受け、50（昭和25）年アメリカ陸軍病院で病死。

永野修身：１８８０（明治13）～１９４７（昭和22）年。明治大正昭和期の海軍軍人。１９２０（大正９）年から在米武官、海軍兵学校長などを経て30（昭和５）年軍令部次長、34（昭和９）年大将。36（昭和11）年広田弘毅内閣で海相、翌年連合艦隊司令長官、41（昭和16）年から軍令部総長、43（昭和18）年元帥。敗戦後、A級戦犯に指名されるが裁判中に病死。

■栗田健男
戦意乏しくあらぬ方向へ走る弱腰の提督

その消極的な動きが全軍の憤激を買った

栗田健男は茨城県出身、海軍兵学校三十八期、当時五十五歳。海軍生活三十四年のうち陸上勤務は約九年だけ。専門は水雷で、ひたすら駆逐艦・巡洋艦のりで終始した根っからの〝船乗り〟提督である。外面的には武骨な、不言実行を信条とした潮くさい荒武者とみられていたが、いざ開戦となって戦場にでると、その戦闘指揮ぶりにはなぜか優柔不断の陰翳《いんえい》がまとわりついた。

戦場における指揮官は、第一に戦意（勇気）、第二に冷静な判断力、第三に決断力、第四に戦術指揮能力が要求される。その第一の戦意の稀薄さが栗田には目立つ。〝船乗り〟らしく艦を愛し、艦の喪失を恐れすぎるのである。それはかれが艦隊保全主義《フリート・イン・ビーイング》(1)を信条としていたからといわれている。

緒戦のバタビア沖海戦[2]（昭和十七年二月末）がそうであった。ジャワ攻略部隊の護衛を支援せよ、の命をうけた栗田少将（当時）の率いる第七戦隊は、ジャワ海西部に入った。が、敵艦隊発見の報にそれに向かおうともせず、ひとり北方（敵と反対方向）に針路をとっている。本隊の指揮官から「貴隊ノ位置知ラサレ度《たし》」という連絡をうけても、何ら回答せず。

いくつかのすったもんだがあり、午後になってやっと本隊と合同したものの、栗田少将は「追撃ヲ止ム」と一方的に通知し、またもや反転北上を開始する。やむなく本隊も追撃を断念する。

翌日ふたたび敵艦隊を発見した本隊は、勇躍これを攻撃し、壊滅させた（バタビア沖海戦）。このとき作戦協力したのは、分派された第八戦隊の一部だけで、栗田自身の第七戦隊は砲煙弾雨の外にあって、これを傍観していた。合戦のなかに、栗田は踏みこもうとはしなかった。

とくに昭和十七年六月のミッドウェイ海戦では、その消極的な動きが全軍の憤激を買った。栗田少将指揮の第八戦隊は、赤城など三空母炎上の敗色濃厚のさい、ミッドウェイ島

夜間砲撃を命じられた。しかし、このとき栗田は、

「ぐずぐずしていると夜が明ける。敵航空機の攻撃をうけるから砲撃は一航過だけおこない、全速力で避退する」

と麾下の各艦に命じている。陸軍を満載した攻略部隊が敵攻撃圏内にいるし、その時点では空母飛龍は健在。敗勢を挽回するためにも、ミッドウェイ基地だけは徹底的に破壊しておかなければならなかった。にもかかわらず、栗田が座乗していた重巡熊野の艦長の眼にも、

「栗田少将はとにかく避敵の傾向が強かった」

と映じるほど、戦意の乏しさを示した。


結果的には飛龍も炎上し、砲撃命令はとり消される。全作戦中止の連合艦隊命令が下ったあとの、栗田のひたすらな避敵ぶりは、敗北の日本海軍をよりがっくりとさせた。衝突して傷ついた麾下の二隻の重巡を見捨てて、現場を去ったまま、栗田は杳《よう》として行方をくらました。何とか損傷の二隻を助けようと、連合艦隊司令部以下が必死の努力を重ねているのをよそに、ほとんど一昼夜、連合艦隊の指示に従うこともなく、沈黙を守ったまま、栗田はひたすら西北方へと航行をつづけたのである。

＊

そうした「あらぬ方向へ走る癖」や「所要のことを連絡しない癖」（石渡幸二氏の評）など、とかくの噂のある提督を登用し、最後の決戦における水上部隊の指揮をまかせた日本海軍の人事とは、一体どこに基本をおいておこなわれてきたのか疑問なしとはしない。単に軍令承行令による年功順なのか。

文字どおり命をかけた場で、人より優れた特質を発揮できる人間とは、もともと異常な人といえるのだろう。平時の俊秀、能吏、人格者といった評価と「武将」とは一致しない。兵学校や海大卒の優等生も、あるいは平時では抜群の〝船乗り〟も、戦場にあっては無能な指揮官でしかない場合が数多いのである。戦史をひもとけばわかるが、かれらにひとしく欠けているのは、勇気と判断力、それに責任感である。

栗田もまた残念ながらその一人というほかはない。

（『指揮官と参謀　コンビの研究』）

注（１）艦隊保全主義（フリート・イン・ビーイング）：決戦を避けて自軍の艦隊を温存することによって、その脅威で敵国の海上活動を妨げようとする消極的な戦略構想。

（２）バタビア沖海戦：１９４２（昭和17）年２月27日、ジャワ攻略に向かった輸送船団を護衛する日本の艦隊が、英米オランダの混成艦隊を撃退した海戦。

栗田健男：1889（明治22）～1977（昭和52）年。大正昭和期の海軍軍人。1935（昭和10）年水雷校教頭、37（昭和12）年「金剛」艦長を歴任。42（昭和17）年中将、翌年第2艦隊司令長官。44（昭和19）年レイテ湾突入をはかったが、「謎の反転」をし遁走した。45（昭和20）年海軍兵学校長。

■源田実
優秀なれど危険な人物

特攻隊は彼の発案なのに知らん顔

源田実さんは海軍の名参謀ということになっていますが、あの人も一種の**辻政信**なんですね。

「源田サーカス」と言われたくらい戦闘機に関しては名人で、頭はいいし、弁が立つということにはなっていますが、およそ責任は取らない軍人のようです。じつは特攻隊は彼の発案なのに知らん顔。優秀なれど危険な人なのです（笑）。

（『昭和史をどう生きたか』）

源田実：1904（明治37）〜1989（平成1）年。昭和期の海軍軍人、政治家。1941（昭和16）年第1航空艦隊参謀として真珠湾攻撃の作戦計画を立案。45（昭和20）年第343航空隊司令として紫電改部隊をひきいて戦う。大佐。戦後は航空自衛隊に入り、59（昭和34）年航空幕僚長。62（昭和37）年参議院議員。

第五章　その他の軍人たち　陸軍篇

■宇垣一成
勝ち馬に乗る処世術の士

彼の勝ち馬に乗るような処世術を司馬さんは批判した

宇垣はもともと長州閥ではありませんでした。彼はコウモリみたいなところがあって、尉官時代には薩摩の**川上操六**《そうろく》[1]から可愛がられていたのに、川上が亡くなるとすぐ長州の**田中義一**[2]に鞍替えして、**上原**（**勇作**）[3]陸相時代には軍事課長として「上原包囲網」に加わっている。陸大を三番の成績で卒業した俊才ですから、いずれは頭角をあらわす存在だったのでしょうが、彼の勝ち馬に乗るような処世術を司馬遼太郎さんが批判したことがありますね。ぼくも彼のことはあまり好きじゃありません。

宇垣は自分の目で見て能力の高い者を引き抜いて新しい主流派をつくろうとした。

そういえば宇垣が抜擢人事で引き上げたのは永田鉄山や小磯国昭[4]（12期）、杉山元（12

期）など、のちに軍内部でその名が知られていく人材ばかり。人を見る目は持っていたようですな。

（「昭和の陸軍　日本型組織の失敗」）

注（１）川上操六：１８４８（嘉永１）～１８９９（明治32）年。明治期の陸軍軍人。１８８７（明治20）年乃木希典とともにドイツに留学、帰国後、陸軍軍制をフランス式からドイツ式に改変、参謀本部の地位を確立。90（明治23）年中将。94（明治27）年日清戦争開戦に主導的役割を果たした。98（明治31）年大将、参謀総長。

（２）田中義一：２１８ページ参照。

（３）上原勇作：１８５６（安政３）～１９３３（昭和８）年。明治大正期の陸軍軍人。日露戦争に第４軍参謀長として参加。１９１２（大正１）年第２次西園寺公望内閣の陸相、その後第３師団長、教育総監を経て15（大正４）年大将、同年から23（大正12）年まで参謀総長。元帥、子爵。

（４）小磯国昭：１８８０（明治13）～１９５０（昭和25）年。大正昭和期の陸軍軍人、政治家。１９３２（昭和７）年陸軍次官。関東軍参謀長、35（昭和10）年朝鮮軍司令官。37（昭和12）年大将、翌年予備役。39（昭和14）年平沼騏一郎内閣の拓相、翌年米内光政内閣の拓相。44（昭和19）年から翌年まで首相。戦後、Ａ級戦犯として終身刑となり、巣鴨収容所で病死。

宇垣一成：１８６８（慶応４）～１９５６（昭和31）年。明治大正昭和期の陸軍軍人、政治家。

1902（明治35）～04（明治37）年ドイツに留学。陸軍次官などを経て、24（大正13）年から清浦奎吾《けいご》、加藤高明、第1次若槻礼次郎各内閣の陸相を務め、宇垣軍縮を実行。翌年大将。29（昭和4）年浜口雄幸内閣の陸相となり陸軍内に宇垣閥を形成。31（昭和6）年予備役、37（昭和12）年組閣の大命を受けたが失敗し断念。38（昭和13）年近衛文麿改造内閣の外相兼拓相となるが陸軍と対立し5カ月で退任。

■荒木貞夫
皇道派の頭目に祭り上げられた軍国主義者

若い将校たちの人望を集めた

私は荒木に直接会っているんです。文春の編集者時代に、彼が東京裁判で終身刑を受けてまだ巣鴨プリズンに入っているころ、土日は世田谷の自宅へ秘密裡に戻っていると聞きつけて談話を取りにいきました。すでに七十歳を超えていましたが元気も元気。藤山一郎や淡谷のり子、日劇ダンシングチームが慰問に来ただの、自分が歌舞伎座で排米演説をぶったというデマが流れただの、まさに怪気炎をあげていました。

取材時に感じたのは、荒木が自分の地位や立場にまったくこだわっていなくて、実にあっさりした性格の持ち主だ、ということです。若い将校たちの人望を集めたのはここだな、と思いました。自分が皇道派という党派の中心的存在になる、という意識すら最初はなかったんじゃないかな。

荒木には陸相になってから豹変したような部分がある。「皇軍」という言葉を多用し、偏った派閥人事も行った。

陸軍大臣になると参謀次長に盟友の**真崎**（**甚三郎**）[1]をすえ、作戦課長だった**今村均**をわずか六カ月で上海に飛ばして、これも皇道派の**小畑敏四郎**をもってくる。かなり露骨ですよ。

（「昭和の陸軍　日本型組織の失敗」）

注（１）真崎甚三郎：１８７６（明治９）～１９５６（昭和31）年。大正昭和期の陸軍軍人。皇道派の中心人物で対ソ強硬論者となる。１９３１（昭和６）年末に荒木貞夫が陸相として入閣すると、

荒木、真崎らの皇道派が全盛期を迎える。32（昭和7）年参謀次長、翌年大将、その翌年教育総監。36（昭和11）年の二・二六事件後に予備役。

荒木貞夫：１８７７（明治10）～１９６６（昭和41）年。大正昭和期の陸軍軍人、政治家。シベリア出兵では参謀。陸大校長などを経て、１９３１（昭和6）年犬養毅、斎藤実の各内閣で陸相、満洲事変や十月事件の処理にあたった。38（昭和13）年第１次近衛文麿、平沼騏一郎各内閣の文相となり軍国主義教育を徹底させた。満洲事変前後から統制派と対立。東京裁判ではＡ級戦犯として終身刑に処せられるが、55（昭和30）年仮釈放。大将、男爵。

■下村定
責任を率直に認めた最後の陸軍大臣

軍国主義を発生させた責任は陸軍にある

最後の陸軍大臣**下村定**《さだむ》大将にも一言触れておきたいですね。軍隊が解体するに際しての、**斎藤隆夫**[1]の質問に対する答弁は本当に立派でした。軍国主義を発生させた責任は陸軍にある、と率直に認めた上で、こう述べました。

「私は陸軍の最後にあたりまして、議会を通じてこの点につき、全国民諸君に衷心《ちゅうしん》からお詫び申し上げます。（中略）この陸軍の過去における罪悪のために、純忠なる軍人の功績を抹消し去らないこと、ことに幾多戦没の英霊にたいして、深きご同情を賜らんことをこの際切にお願いいたします」

（「指揮官たちの戦後」）

注（1）斎藤隆夫：1870（明治3）～1949（昭和24）年。大正昭和期の政治家。1912（明治45）年衆議院議員に初当選。36（昭和11）年5月二・二六事件に対する粛軍演説、40（昭和15）年2月に日中戦争に関する反軍演説を行い、軍部を怒らせて議員を除名。戦後は第1次吉田茂内閣と片山哲内閣の国務大臣を務めた。

下村定：１８８７（明治20）～１９６８（昭和43）年。明治大正昭和期の陸軍軍人、政治家。満洲事変後、関東軍参謀。１９３６（昭和11）年少将、31（昭和16）年陸大校長、45（昭和20）年5月大将、同年8月東久邇宮稔彦王・幣原喜重郎内閣の陸相。59（昭和34）年参議院議員。

■朝枝繁春

終戦時に大本営にいた参謀

「対米、対英戦略は何一つ教わらなかった」

東京裁判の時に**東條**（**英機**）や**畑俊六**《はたしゆんろく》[1]（12期、陸軍大臣）が、自らの罪状の中で出てきた九カ国条約や不戦条約の詳細について何も知らなかったという話があります。畑は陸大を首席で出ています。それなのに国際法などの知識がほとんどないままに軍首脳になれたわけです。

終戦時に大本営参謀を務めていた**朝枝繁春**（45期）に「陸大の教育というのはなってなかったんじゃないですか」と聞いたら、朝枝はあっさり「うん、なってない」と答えていました。なにしろ全てが他律主義で、上から言われたことだけをするように教育され、本来柔らかかったはずの自分の頭がどんどん固くなって、融通がきかなくなっていく、前の時代のやり方を踏襲するような思考法しか教わらなかった、というのです。「いつごろからそうなったのですか」と尋ねたら「初めからだ」と言っていた（笑）。

朝枝は他にも、「対米、対英戦略は何一つ教わらなかった。対ソ戦略一辺倒。憲法についても丁寧に教わらなかったし、開戦や停戦、終戦の手続きなども一切学んだことがない」と言っていました。

日本では、満洲事変の時の板垣征四郎と石原莞爾のように、局面局面で指揮官と参謀のいいコンビはみられるけれど、国家戦略全体を見通せる将帥は現れませんでしたね。

（「昭和の陸軍　日本型組織の失敗」）

注（1）畑俊六：1879（明治12）〜1962（昭和37）年。明治大正昭和期の陸軍軍人。

１９２８（昭和３）年参謀本部第１部長、36（昭和11）年台湾軍司令官、翌年軍事参議官、教育総監を歴任し大将。39（昭和14）年阿部信行内閣、翌年米内光政内閣の陸相となるが、三国同盟を強硬に主張して辞職。44（昭和19）年元帥。東京裁判で終身刑を受けるが、54（昭和29）年病気で仮出所。後に偕行社会長。

> 朝枝繁春：１９１２（明治45）～２０００（平成12）年。昭和期の陸軍軍人。１９３９（昭和14）年第１軍参謀部付として日中戦争に出征。41（昭和16）年陸軍少佐、マレー作戦などに参戦。42（昭和17）年関東軍参謀、44（昭和19）年３月大本営参謀作戦課、同年８月満洲出張中に終戦。陸軍中佐。

■吉松喜三

戦中戦後に中国で四百万本の苗木を植えた「緑の連隊長」

戦車に苗木を載せて、戦闘が終わると黄色の大地に植樹

私が戦後お会いした指揮官の中で、非常に印象深かったのは、**吉松喜三**大佐という人です。この人は機動第三連隊、つまり戦車連隊の連隊長なんですが、北部中国で連戦連勝、たいへん強かった部隊なんです。

洛陽攻略戦のときなんか、中国軍と対戦していて、近くに龍門の石窟があるのに気づくんですね。流れ弾で文化遺産を壊してはいけないと、吉松さんは白旗を掲げ、場所を変えて戦闘しようと提案し、中国軍もオーケーして、移動してまた撃ち合ったという、そういう逸話もある人なんです。結局洛陽は攻略するんですけどね。

あるとき吉松さんは被弾して脇腹を負傷し、野戦病院に入ります。病室で寝ていたら美しい歌声が聞こえる。窓の外を見ると、中国人の修道女たちが木立の中で賛美歌を歌っていたそうです。毎日のようにそれを見ているうちに、ハッと気がついた。緑こそ兵士の心を慰め、散華《さんげ》した兵たちを弔うのに一番のもの。破壊ばかりが戦争ではない。樹の育つところには平和がある。そう思った吉松さんは、隊に復帰すると、北の大地に適した植物の苗木を大量に送れと大本営に注文するんです。

大本営はびっくりしたらしいですけど、ともかくポプラか何かの苗木をいっぱい送ってきた。吉松さんの連隊は、戦車にその苗木を載せて、戦闘が終わると黄色の大地に植樹を始めたんです。最初のうち兵隊たちは訳がわからなくてブツブツ文句を言ったそうですが、そのうち楽しみになったんでしょうね。北部中国の過酷な砂漠地帯にうまく根付いて若葉が出ているのを発見して、兵士たちが万歳を叫ぶようになったそうです。そんな吉松さんたちの植樹を中国軍も見ていたんですね。終戦になって収容所にいたら、中国側から植樹隊を編制して樹を植えてほしいと言われるんです。そうやって戦中戦後に中国で植えた苗木は四百万本に上る。中国で吉松さんは「緑の連隊長」、第三連隊は「植樹部隊」と呼ばれたそうですよ。

吉松さんにはその後の話がありましてね。昭和二十二年に日本に帰ってきて、亡くなった兵士の遺族を探すんですが、昭和三十年に慰霊祭を行なって靖国神社に桜の木を植樹します。そのとき、亡くなった戦友を慰めるためにも、靖国神社の境内《けいだい》にある樹の実から苗木を育て、それを遺族に送ろうと吉松さんは思いつくんです。そこで靖国神社に相談して境内の一角を貸してもらい、自分一人でコツコツと銀杏の実を植えて苗木を育て、遺族の方に差し上げるようにした。

参道のところに（苗木の）無人の店がありますね。今は五百円じゃないですか。私が取材した当時の昭和三十六年ごろはただで配っていたんですよ。靖国の「靖」という字は、「青」つまり緑を立てるということだ。こういう形で日本に平和が根付くことを死んだ人たちが一番願っていると思うから、この仕事はずっと続けるつもりです、と吉松さんは農耕の手を休め、タバコをプカリプカリとやりながら、言っていましたね。

ただ、最初のうち家族には総スカンだったみたいです。まだ働ける歳なのに稼いでくれないというので（笑）。でも、吉松さんは国交回復前の中国から植樹に対して感謝状を貰《もら》っているんですよ。本当は勲章という話もあったんですが、国交がないので感謝状にしたらしいです。

（「指揮官たちの戦後」）

吉松喜三：１８９４（明治27）～１９８５（昭和60）年。昭和期の陸軍軍人。日中戦争が勃発すると、１９３９（昭和14）年戦車第13連隊長として戦う。翌年揚子江北方で被弾し、重傷を負う。

■三波春夫
「お客様は神様です」で知られるシベリア抑留兵

同胞を元気づけるために演じた浪花節

シベリア抑留[1]で苦労された日本人はたくさんいらっしゃるんですが、その中の一人に歌手の三波**春夫**がいるんです。三波さんは満洲で敗戦を迎えて、四年間、ハバロフスクの収容所に抑留されるんですね。そのとき、もともと浪曲師だった彼は、シベリアで日本人の同胞を元気づけるために浪花節《なにわぶし》を演じたんだそうです。とにかく、みんなで生きて日本に帰ろうとの思いを一つにして唸った。昭和二十四年になってようやく日本に帰り、浪曲師として活動を再開しようとしたら、奥さんが偉い人で、時代が変わった、浪花節なんかだめだ、流行歌をやりなさいと言うんですって。本人は浪花節に未練があったみたいですが、まあ流行歌手に転じて成功するわけです。

あるとき永六輔と中村八大《はちだい》の二人で、養老院のおじいさんやおばあさんが歌えるようにと歌を作ったんですね。お年寄りに人気があるのは三波春夫だから、彼に歌ってもらってレコードを作ろうとした。レコーディングに入ったら、三波さんは例のこぶしを微妙にきかせるもんだから、お年寄りが歌える歌にならない。何度やり直してもだめなんです。それで他の人にやってもらうことになって、三波さんは「だめですか」と言って肩を落として楽屋に帰っていった。そのとき服にマイクを付けたまま戻ったんです。

楽屋には奥さんが待っていました。三波さんが、どうも僕じゃお年寄りが歌える歌にならないらしいと言ったら、奥さんが、あなたは天下の三波春夫じゃないか、だらしない、もういっぺん行ってやり直してきなさいと言う。その話が全部、マイクを通して聞こえるわけです。三波さんは戻ってきて、もう一度やらせてください、と言うんですが、永さんも中村さんもやりとりを聞いているから断れない。今度はうまく歌って、レコーディングが完了しました。

終わってから永さんが、「先ほどは三波先生に大変失礼いたしました」と言ったら、「いえいえ、あれしきのこと、私にはシベリアの苦労がありますから、あれを思えばどんなことでも我慢できます。何でもありません」と言ったそうです。

これは永さんから聞いた話で、細部は違っているかもしれませんが、私はたいそう感動しました。三波さんは酒もバクチも女もやらず、歌一筋の一生だったそうです。「お客様は神様です」というのが口癖でしたが、その背景にはシベリア抑留があるんだなとしみじみ思いましたね。

（「指揮官たちの戦後」）

注（１）シベリア抑留：１９４５（昭和20）年の大戦終結時にソビエト連邦に降伏または逮捕された日本人に対する、シベリアでの強制労働。日本政府の調べでは約57万５０００人が抑留され、約５万５０００人が死亡、約47万３０００人が帰国した。

三波春夫：１９２３（大正12）～２００１（平成13）年。歌手。20歳で陸軍に入隊、敗戦後はシベリアに抑留。帰国後、「雪の渡り鳥」「大利根無情」などが大ヒット。「東京五輪音頭」、〈お客様は神様です〉のキャッチフレーズで有名。

■加東大介
激戦地で劇を演じ続けた軍曹

「瞼の母」や「一本刀土俵入り」などを戦地で上演

俳優の**加東大介**、加藤徳之助軍曹も、戦争体験が人生に大きな比重を占めています。彼は最大の激戦地のニューギニアで、死を前にしつつ戦う戦友たちを勇気づけようと劇団を作り、「瞼《まぶた》の母」や「一本刀土俵入り」などを上演するんですね。雪の降らない南国なので、紙吹雪《かみふぶき》で雪を降らせたら、いつも客席から歓声が起こった。ところが、あるとき、しーんとしているので客席を覗《のぞ》いたら、みんな泣いている。実は、その日の観客は東北出身の兵隊たちだったんですね。

彼は戦後、その体験を『南の島に雪が降る』という小説に書きますが、あのときの芝居することの意義と感動があったから、戦後、どんなに苦労しても、貧乏しても、役者を続けられたんです、と語っていましたね。
　様々な軍人たちの戦前と戦後の生き方を考えてみると、そこには日本人そのものの生き様が見えてくる。組織としても個人としても、昔も今もほとんど変わってないんじゃないかという気もします。気高く生きた人もいた。許すべからざる生き方を続けた人もいた。歴史とは人間学だとつくづく思えてきます。昭和史から学べることは、まだまだ多いですね。

（「指揮官たちの戦後」）

> 加東大介：１９１１（明治44）～１９７５（昭和50）年。映画俳優。沢村国太郎、沢村貞子の弟。１９４３（昭和18）年ニューギニア戦線に陸軍衛生伍長として従軍。戦後、「羅生門」「七人の侍」「大番」などで活躍。

第六章　その他の軍人たち　海軍篇

■大西瀧治郎

「特攻の生みの親」という汚名を着せられた海軍中将

「できるだけ長く苦しんで死ぬ」ことを選んで切腹

スプレイグ[1]提督があの戦争をつうじていちばん驚いたという出来事を紹介します。それは特攻攻撃でした。

昭和十九年の十月二十五日、アメリカ軍がレイテ島に上陸しフィリピンが戦場になった戦いで、海軍の第一航空艦隊は神風特別攻撃隊を編成し特攻作戦を実行しました。スプレイグは世界ではじめての特攻攻撃を眼前に見たひとでした。「まさか」と思ったそうです。飛行機が爆弾を抱えたまま突入してくるなんて考えもしなかった。驚愕した、と。さもありなん。「かならず死ぬ」ことが明白な作戦の命令を指揮官は下さない、というのが世界の軍事常識だからです。

「特攻の生み親」といわれているのが第一航空艦隊長官**大西瀧治郎**中将（五十三歳）です。かれはこれを「統率の外道の外道」と語っていました。大西がこのとき特攻を決意し命令したのは事実ですが、大西は、これを一回限りの〝特別なる〟攻撃だ、と認識していたのではないか。正規の作戦として採用される経緯について、詳細は端折《はしょ》りますが、関係者が死者にすべての責任をおしつけたふしがあるということだけはつけくわえておきます。

大西が腹を切って自決したのは、昭和二十年八月十六日午前二時四十五分。「死ぬときはできるだけ長く苦しんで死ぬ」といっていた大西は介錯《かいしゃく》を拒み、「これでいい、送り出した部下たちとの約束を果たすことができる」と、十数時間後に息絶えたのです。

世界が唖然とする非情なこの作戦を、戦争末期の日本は延々とつづけました。のべ二千機を超える特攻機の出撃で三千七百二十四人の若者が命を落としました。許し難い非人間的な作戦としかいいようがありません。

（「太平洋戦争　連合軍が畏怖した名将の死闘」）

大西中将の真意は、戦争をやめるために特攻に踏みきった

天皇の侍従武官だった城《じょう》英一郎大佐が、「飛行機の肉弾攻撃により敵艦船を撃滅する特

殊航空部隊」をつくったほうがいい、自分をその指揮官に任命されたい、と（昭和）十八年秋ごろからしきりに海軍省に言ってくる。彼は天皇の苦悩を目の前で見ていたわけですから、なんとかしたいという気持ちが強かったんでしょう。「この場合の特殊航空部隊というのは決死の志願者を募集採用し、二百五十キロ爆弾以上を搭載できる飛行機を考え出す」などということも、もう具体的に考えてるんですね。城さんは、この時の航空本部総務部長・**大西瀧治郎**中将に「この計画の実現にお力添えを」と意見具申をしてるんです。

そのほかにも、どうせ死ぬんだから意義のある死を与えてくれ、という声も多くあがっています。つまりこうやってよく調べてみますと、まだ戦況がそこまで悪化していない昭和十八年の半ばすぎぐらいから、前線からの声に押されるようにして、軍の中心で特攻作戦が論議されはじめ、昭和十九年の春頃には具体的な兵器づくりの研究をスタートさせるに至ったということがわかるんです。

戦後、大西中将が十死零生の特攻隊の発案者だとされ、「特攻の父」としてすっかり有名になりました。すべてが彼の責任のようにも言われていますが、かならずしもそうではないことが明らかなんですね。

*

第一航空艦隊司令長官大西瀧治郎が二〇一航空隊の司令、山本栄に出した正式な命令書は次の通りです。

「二〇一空司令は現有兵力をもって体当たり特別攻撃隊を編成し、なるべく十月二十五日までに比島東方海面の敵機動部隊を殲滅すべし」

「なるべく十月二十五日までに」と、書いてあるんですよね。レイテに敵の上陸が始まって、大和、武蔵《むさし》を中心とする**栗田健男**中将指揮の水上部隊が輸送船をぶっ潰すためにレイテ湾に殴り込む、その作戦実施日が十月二十五日なんですよ。大西さんは、その前に敵の機動部隊の空母の甲板を特攻で潰して、何とか栗田艦隊が、水上部隊がレイテ湾に突入するのを助けたい、だからこの一回だけ、一戦だけ、という気持ちだったんじゃないか、とわたくしは思うんです。神風特別攻撃隊に特別という字がついたのは、今回だけ特別、ということ。永遠にやるつもりはなかったんじゃないでしょうか。

大西さんは特攻についてどう考えていたのか。零戦研究の第一人者神立尚紀《こうだちなおき》さんが書かれた戦記『祖父たちの零戦』（講談社）に、まことに興味津々《しんしん》たることが記されています。元零戦搭乗員角田和男少尉が、第一航空艦隊参謀長小田原俊彦大佐から、「他言無用」という条件つきで聞いた大西瀧治郎中将の話。角田元少尉への取材のときに神立さんは打ち明けられたという。これが大西さんがしみじみと語った特攻の真意ということになる。肝腎の個所だけを。

「これ（特攻）は九分九厘成功の見込みはない。これが成功すると思うほど大西は馬鹿ではない。だが、ここに信じていいことが二つある。天皇陛下はこのことを聞かれたならば、戦争はやめろ、と必ず仰せられるであろうこと。もうひとつは、その結果が仮に、いかなる形の講和になろうとも、日本民族がまさに滅びんとするときに、身をもってこれを防いだ若者たちがいたという事実と、これをお聞きになって陛下自らのお心で戦を止めさせられたという歴史が残る限り、五百年後、千年後の世に、必ずや日本民族は再興するだろう、ということである。

（中略）

大西は、後世史家のいかなる批判を浴びようとも、鬼となって前線に戦う。天皇陛下が御自らのご意志によって戦争を止めろと仰せられたとき、大西は上《かみ》、陛下を欺き奉り、下《しも》、将兵を偽りつづけた罪を謝し、特攻隊員のあとを追うであろう」

初めて知る大西中将の真意です。真偽のほどはわからないが、戦争をやめるために特攻に踏みきったとは。わたくしにとって驚天動地の話であったことは隠さずに述べておきます。

　特別攻撃隊が出発するときの大西さんの有名な訓示があります。

「日本はまさに危機存亡の秋《とき》である。この危機を救いうるものは大臣でも大将でも軍令部総長でもない。もちろん自分のような長官でもない。それは諸子の如き純真にして気力に満ちた若い人々のみである。従って自分は一億国民に代って皆にお願いする。どうか成功を祈る」

「皆はすでに神である。神であるから欲望はないであろう。が、もしあるとすれば、それは自分の体当たりが、無駄ではなかったかどうか、それが知りたいことであろう。しかし、皆は永い眠りにつくのであるから、残念ながら知ることも出来ないし、知らせることもできない。だが自分はこれを見届けて、必ず上聞に達するようにするから、そこは安心していってくれ」

「しっかり頼む」

　上聞に達するということは天皇の耳に入れるということです。そして、事実、特攻隊が突入して大戦果を上げ、報告に来た**及川**（**古志郎**）軍令部総長に天皇がこう言ったというんです。

「そこまでせねばならなかったのか。しかし、よくやった」

「よくやった」――これが全軍に伝わるわけです。天皇は「戦争をやめろ」とは言えなかったんですねえ。

（『あの戦争と日本人』）

注

（1）クリフトン・スプレイグ：１８９６〜１９５５年。アメリカの海軍軍人。「タンジール」艦長のときに真珠湾攻撃を受ける。その後空母「ワスプ」艦長。レイテ沖海戦で活躍、サマール沖海戦で日本艦隊に大打撃を与える。その直後、日本海軍の最初の特攻を受け、護衛空母「セント・ロー」を失う。51年海軍中将。

大西瀧治郎：１８９１（明治24）〜１９４５（昭和20）年。大正昭和期の海軍軍人。横須賀航空隊副長、第1連合航空隊司令官、第1航空艦隊長官などを経て、１９４５年軍令部次長。特攻攻撃を指揮した。同年8月16日、自決。海軍中将。

■田辺弥八
■長谷川稔

米艦に致命傷を与えた二人の潜水艦長

潜水艦乗りは戦場の勇者

田辺弥八さんは、空母ヨークタウンに魚雷二本を命中させて止《とど》めを刺し、駆逐艦ハーマンも魚雷一本で沈没させた潜水艦伊一六八号の艦長です。ミッドウェー海戦では、これが唯一といっていい日本側の戦果ですが、この田辺さんが何ともいえず穏やかな、言葉数の少ない温厚な紳士でしてね。元海軍中佐というより頭の低いお店の番頭さんという感じでした。戦後は紙屋さんをやっていましたが、「人にありがとうございますと言って、しみじみ頭を下げるのは何と心楽しいことだろうと初めてわかりました」とおっしゃってました。真の勇気とは何だと思いますか、と尋ねたら「義務に従って精一杯努力することでしょうか」と静かに答えられた。田辺さんの肺にはガダルカナル島で受けた機銃弾が入っているそうです。戦争で得たものはそれだけですよ、と笑ってました。

同じ殊勲の潜水艦の艦長では、ソロモン沖で空母サラトガに致命傷を与えた伊二六号の**長谷川稔**（旧姓・横田）さんもいます。戦後、神奈川県の藤沢高校の数学の先生をしていました。生徒たちが付けたニックネームは「艦長」。みんな授業の合間にときどき長谷川先生が語る潜水艦の話が楽しみで仕方ないんですよ。三角法の問題から、目標の速力が何ノット、魚雷の速力が何ノット、方位角と斜角が何度でと説明し始めると、生徒たちは目を輝かせて聞き入る。みんな長谷川先生を慕っていましたね。

潜水艦乗りは、言っちゃ悪いけど、兵学校の成績があんまり良くないんですよね。ですから参謀なんかにはなれない。しかし、戦場の勇者なんです。そっと輪形陣《りんけいじん》の内部に忍び込んでいき、魚雷を発射した後が大変なのですね。海中でひたすら耐えて爆雷攻撃を受けなければならない。よほど我慢強くなければ、生き延びることはできない。田辺さんも長谷川さんも、およそ殺気立つところがまったく感じられない人たちでしたね。

　この人たちは、戦後の生き方も目立つことなく、学校の先生や中小企業のオヤジさんだったりして、社会の中できちんと仕事をして生きている。話を聞いても清々しかったですよ。ふだん穏やかで、目立たない人のほうが、いざとなると大仕事を成し遂げるんじゃないかと私は思いましたね。どうも大言壮語して、俺が俺がと言うやつはだめなんじゃないか。

（「指揮官たちの戦後」）

田辺弥八：１９０５（明治38）～１９９０（平成2）年。昭和期の海軍軍人。伊号第１６８潜水艦長としてミッドウェー海戦に出撃。空母「ヨークタウン」と駆逐艦「ハムマン」を雷撃し撃沈した。中佐。
長谷川稔：１９０３（明治36）～没年不明。昭和期の海軍軍人。伊号第26潜水艦長として空母「サラトガ」を航行不能にし、軽巡洋艦「ジュノー」を撃沈した。戦後、横田から長谷川に改姓。

■玉井浅一
戦後、坊さんになった特攻の指揮官

特攻隊の話になると涙があふれて喋れない

（戦後）お坊さんになった人もいますよ。海軍二〇一空副長、**玉井浅一**《あさいち》中佐といいまして、昭和十九年十月、最初の神風特別攻撃隊を自分の部下から編制して送り出さなければならなかった人です。当時、二〇一空司令がマニラに行っていて留守のところに、**大西瀧治郎**中将がフィリピンにやってきて、副長の玉井さんに特攻の話を持ちかけるんですね。司令の承認は貰ってあるからと。それならば副長としては言うことはないと玉井中佐は、関行男大尉に指揮官としてやってくれるかと頼み、教官時代に教えた予科練出身の部下で隊を編制した。ま、ある意味ではだまされたともいえるんです。

そのことへの後悔の念からでしょう、戦後、僧侶になったんですね。愛媛県松山市の郊外にある瑞応寺というお寺の住職で、本堂には関行男はじめ特攻隊で死んだ海軍の戦士たちの位牌がずらりと並んでいました。話を聞こうとしても、特攻隊の話になると玉井さんは涙があふれて喋れない。命日になると、特攻で亡くなった人の位牌を正面に据えて鎮魂の読経をあげるそうです。

三百六十五日毎日ですかと訊いたら、七月と八月と九月は特攻で死んだ人は少ないらしい。でも、それ以外は毎日、誰かの命日がくるんですって。三千人近くの人が特攻隊で亡くなっていますからね。ただ戦後のある時期には、人殺しの指揮官が突然、仏様に仕えたって死んだ人は浮かばれやしねえよって、さんざん言われたそうです。しかし、そんな声には聞く耳持たずで、ひたすら特攻隊員たちの菩提を弔った。そのために俗世間を捨てたんですからね。

（「指揮官たちの戦後」）

玉井浅一：１９０２（明治35）〜１９６４（昭和39）年。大正昭和期の海軍軍人。１９２５（大正14）年海軍少尉、27（昭和2）年中尉。30（昭和5）年空母「赤城」乗組。同年大尉、翌年空母「加賀」乗組。43（昭和18）年10月第２６３海軍航空隊司令に着任、44（昭和19）年7月第1航空艦隊第２０１海軍航空隊副長。同年10月以降特攻を指揮する。ポツダム進級により大佐。

■吉見信一
戦後、医者になった司令官

五十一歳で慶応医学部を受験

そうそう、戦後、医者になった司令官もいます。**吉見信一**《のぶかず》さんというその人は、マーシャル群島のウォッゼ島に警備隊司令として赴任します。ここには日露戦争のときの戦艦三笠の大砲を持っていって砲台に据え付けているんです。しかし、完全に孤立して補給も断たれ、戦うこともなく、食糧不足でどんどん部下が死んでいく。終戦の時には、三千数百名いた守備隊が千数百名になっていて、死者のほとんどが餓死でした。復員した吉見さんは、二千名もの部下を病気と飢えで死なせた責任を痛感したんでしょう。五十一歳になっていたんですが、大学に入り直して医者になり、病人を救おうと決心するんですね。

ちょうど息子さんが東大を受ける年で、お父さん、お願いだから東大だけは受けないでくれと頼まれたそうですが、結局、慶応の医学部に入学するんです。だから優秀だったんでしょうね。襟章を外した軍服で通学したそうですが、教授のほうが吉見さんより若いわけです。「失礼ですが、あなたは何ですか」と教授に聞かれて、「吉見と申します。学生です」と答えたら、「ええっ」てびっくりしてましたと、笑いながら言ってました。

卒業した後、吉見さんは自ら志願して、あまり人がなりたがらない貨物船の船医になるんですよ。そして太平洋航路でウォッゼ島の近くを通るたびに、毎回、花束を捧げて亡くなった部下たちの冥福を祈ったそうです。この生き方も立派ですよね。私がお会いしたときは、町医者になってましたけど、優しい笑顔の、チョビ髭の、いかにも小児科のお医者さんという感じでした。

この吉見さんは九十一歳まで現役の医者として働き、九十四歳直前に老衰で静かに息を引き取ったそうです。

（「指揮官たちの戦後」）

吉見信一：1894（明治27）～1988（昭和63）年。昭和期の海軍軍人。少将。

第七章　政治家と官僚たち

■石橋湛山
軍部ともＧＨＱとも対立した気骨の人

小国主義を提示した数少ない知識人

日露戦争以降、為政者たちはナショナリズムをかきたてるために、国家目標を大きくしたんですよ。

日露戦争で勝てば賠償金が取れると散々煽《あお》って、高い税金を人々に我慢させてきた。ところが、戦争には勝ったのに賠償金は取れなかった。

その不満を宥《なだ》めるために、「これから日本は一等国なんだ。大国になるんだ」と煽り立てるしかなかったんですね。

ただ、あの時点の日本には、小国主義という選択肢もあったんです。

石橋湛山《たんざん》が言っていたように、バカでかい軍備なんか持たなければ、大きな歳入は要らないから植民地も要らなくなります。資源にも生産力にも乏しい国家なのであるから、貿易を中心にして、財政規模の小さい国家を運営していけばいいと考える人も、当時の知識人のなかにはいたと思うんですよ。

大国主義を採ったことで、後に中国や朝鮮と衝突する結果を招くんです。あのとき、石橋湛山の言うように小国主義を選んでおけば無難だったと思いますよ。

（『ナショナリズムの正体』）

石橋湛山：１８８４（明治17）〜１９７３（昭和48）年。大正昭和期の経済評論家、政治家。「東洋経済新報」で満洲事変や五・一五事件を厳しく批判。第2次世界大戦前には金解禁反対の論陣を張る。東洋経済新報社社長を経て、第1次吉田茂内閣蔵相をつとめるが、ＧＨＱと対立して公職追放となる。追放解除後、代議士、第1次〜第3次鳩山一郎内閣通産相。１９５６（昭和31）年自民党総裁選で岸信介などを破り首相となるが、肺炎のために2カ月で辞任する。

■田中義一
天皇の不興を買った首相

天皇へのウソを見破られ叱責される

昭和三年に関東軍が起こした張作霖爆殺事件で、**田中義一**首相は**昭和天皇**に「関東軍は事件には無関係」と上奏し、誤魔化そうとする態度を見破られて叱責されました。そもそもは陸軍が爆殺の実行を隠していたことが原因です。

（「安倍政権と旧日本軍の相似形」）

田中義一‥１８６４（元治１）～１９２９（昭和４）年。明治大正昭和期の陸軍軍人、政治家。陸軍省軍務局長、原敬内閣の陸相などを経て、１９２５（大正14）年政友会総裁。27（昭和２）年首相兼外相。28（昭和３）年の張作霖爆殺事件の処理の不手際で昭和天皇の不興を買い辞任、直後に急逝。「オラ（自分）が」が口癖だった。男爵、陸軍大将。

■西園寺公望　昭和期で唯一の元老

二・二六事件で気力を失った

昭和の最後の元老、**西園寺公望**《きんもち》は、次の元老として、総理大臣経験者でもある実力者の**斎藤実**《まこと》(1)と**高橋是清**を考えていた節があります。彼らを加えて三人の合議制でやっていこうとしたのですが、二・二六事件で二人とも殺されました。この事件を境に西園寺が気力を失ったのは、軍のテロに対する恐怖によるものと思っていましたが、むしろ、自分ひとりで元老を務めるには年をとり、骨身が折れるなと思っていたときに、後継者が殺されてしまってがっくりとしたというのが本当のところなのかもしれません。二人のどちらかでも生きていれば、昭和は違っていたと思いますね。

（「半藤さんが悟った『昭和の始まりは幕末だ』」）

注

（1）斎藤実：1858（安政5）～1936（昭和11）年。明治大正昭和期の海軍軍人、政治家。1898（明治31）年第2次山県有朋内閣で海軍次官、1906（明治36）年第1次西園寺公望内閣で海相、14（大正3）年シーメンス事件で辞任、予備役に。19（大正8）年朝鮮総督に就任、朝鮮統治政策を「武断政治」から「文治政治」へと転換させた。32（昭和7）年五・一五事件で瓦解した犬養毅内閣の後を継いで挙国一致内閣を組織、満洲国を承認し国際連盟から脱退。34（昭和9）年帝人事件で総辞職。36（昭和11）年二・二六事件で暗殺。

西園寺公望：1849（嘉永2）～1940（昭和15）年。明治大正昭和期の貴族政治家。1903（明治36）年立憲政友会総裁、06（明治39）年第1次内閣、以後、桂太郎と交代で政権を担当し、桂園時代と呼ばれる。11（明治44）年第2次内閣。19（大正8）年パリ講和会議の首席全権。32（昭和7）年の五・一五事件以後、軍部の進出を抑えられず、37（昭和12）年の第1次近衛文麿内閣を最後に後継首相推薦を辞任。公爵。

■高橋是清
世界恐慌後の日本を救った名蔵相

高橋・井上コンビの実に鮮やかなさばき

井上準之助[1]を一流の国際金融家に育てたのは、**高橋是清**だった。高橋は日銀副総裁時代に、国際金融の専門知識を習得させるために、井上をニューヨークに送り英才教育を施した。

後に高橋大蔵大臣・井上日銀総裁として、コンビを組んで危機に当たっているんですね。

この高橋・井上のコンビで最も見事といえるのは、昭和二（一九二七）年三月に起きた金融恐慌の後始末でしょう。片岡直温《なおはる》蔵相が議会で「渡辺銀行が支払い不能になった」という失言をしてしまったことから取り付け騒ぎが起き、全国で四十四もの銀行が潰れ、一割近い預金が消えてしまった。時の**若槻**（**礼次郎**[2]）内閣が総辞職し、**田中義一**が首相の座に就いたのですが、田中は七十三歳の高橋是清を大蔵大臣に招き、このピンチを救ってもらおうとしたわけです。

このときの高橋蔵相のさばきが実に鮮やかでした。まず親任式が終わって閣議が終わった直後に行動を起こし、日銀総裁を井上準之助に替える。そして、三井、三菱両銀行の頭取のところに乗り込んでいって、とにかく金曜と土曜の二日間、銀行を休みにしろ、というのです。そして、もともと銀行が休みだった日曜を合わせた三日の間に、どんどんお札を刷らせ、市中の銀行にどんどんと札束を積み上げてみせた。片面だけ刷った、裏は真っ白の二百円札まで発行したのだから、いかに高橋がスピードを重んじたかがうかがえます。そして、月曜に銀行を開けたところ、事態は一気に沈静化に向かった。

しかも、金融界の混乱を収めると、高橋は、私の役割は終わった、といって、在任四十二日間で大蔵大臣を辞任します。この出処進退が実に潔い。

(「『大恐慌』リーダーの資質」)

予算をめぐって陸海軍と戦い続けた

一九二九(昭和四)年十月二十四日、ウォール街で株の大暴落が起きる。一九三一(昭和六)年五月、オーストリア最大の銀行が破綻することで世界恐慌は本格化し、銀行の取り付け騒ぎは国際的に拡大していく。そんな折、九月十八日には石原莞爾が満洲事変を引き起こす。

そこで再び**高橋是清**の登場となります。第二次**若槻**内閣が満洲事変後の処理に行き詰って、昭和六年十二月十三日に**犬養**[3]内閣が発足すると、大蔵大臣に就任。ただちに金輸出の禁止を決定します。犬養毅、高橋是清ともに七十七歳という長老内閣です。

それで、**井上**蔵相時代と高橋時代の予算を調べてみたのですが、井上緊縮財政のときは約十五億円だったのが、高橋さんになると一気に二十二億円に膨れ上がる。

しかも、間がいいというべきか、悪いというべきか、そこに満洲事変による軍需景気が重なった。そこで昭和七年二月の総選挙で政友会は大勝するんです。

私が見事だと思うのはその後で、高橋は予算をめぐって陸海軍と戦い続けるんですね。昭和八年、陸海軍が大幅な予算の増額を要求してきたのに対して、高橋は、一括して九千万円、それを陸海軍で勝手に分けろ、と突っぱねた。陸軍大臣の**荒木貞夫**がふてくされて、竹槍で戦えと言うのか、と「竹槍三千本論」を言い出しても、高橋は頑として聞かない。大蔵省の職員には、「われわれは千早城である。敵はどんどん大軍を繰り出してくるが、知恵を絞って守り抜くんだ」というような訓示をしています。

昭和恐慌を沈静化し、その後、軍部の台頭と対峙した高橋是清という人を見ていくと、どうしてこんなに頑張れたのだろう、と目を見張るものがあります。

八十一歳まで大蔵大臣をつとめ、二・二六事件で凶弾に倒れるまで日本を支えた高橋是清、それからずっと時代は下りますが、終戦の際に七十六歳で首相を務めた**鈴木貫太郎**といった人々に共通するのは、明治の苦労を知っていることですね。日本がもっとか弱い、ちっぽけな存在だった頃から、どれほどの辛苦を経て、国家を築き上げてきたかを知っている人たちだからこそ、現状にとらわれない自由な発想で難局に立ち向かえたし、軍部などの暴走に命がけで抵抗できたのではないでしょうか。

今とは違う、別の時代を知っていることが、高齢者の知恵というものです。これは手前味噌かな（笑）。歴史の知恵である、と言い直しましょう。

（「『大恐慌』リーダーの資質」）

注（１）井上準之助：１８６９（明治２）〜１９３２（昭和７）年。大正昭和期の銀行家、財政家、政治家。日銀営業局長、横浜正金銀行頭取、日銀総裁などを経て、第２次山本権兵衛内閣蔵相、日銀総裁（再任）、浜口雄幸内閣、第２次若槻礼次郎内閣蔵相。１９３２（昭和７）年２月、血

盟団事件で暗殺される。男爵。
（2）　若槻礼次郎：１８６６（慶応2）～１９４９（昭和24）年。明治大正昭和期の官僚、政治家。１９１２（大正1）年第3次桂太郎内閣、14（大正3）年第2次大隈重信内閣の蔵相、この間、憲政会の創設に加わる。24（大正13）年内相となり、普通選挙法、治安維持法を成立させた。26（大正15）年内閣を組織、31（昭和6）年立憲民政党総裁となり第2次内閣を組織。
（3）　犬養毅：１８５５（安政2）～１９３２（昭和7）年。明治大正昭和期の政治家。１９２３（大正12）年第2次山本権兵衛内閣、翌年の護憲三派内閣に逓相として入閣。31（昭和6）年内閣を組織。32（昭和7）年五・一五事件で暗殺。

高橋是清：１８５４（嘉永7）～１９３６（昭和11）年。明治大正昭和期の財政家、政治家。仙台藩の留学生として渡米し苦学。文部省、農商務省に勤め初代特許局長。１８８９（明治22）年官を辞してペルーの銀山開発に出かけ失敗。帰国し、99（明治32）年から１９１１（明治44）年まで日銀副総裁。その間、日露戦争の戦費調達のためイギリスに向かい外債募集に成功。13（大正2）年山本権兵衛内閣の蔵相。18（大正7）年原敬内閣の蔵相、原暗殺のあとを受けて、21（大正10）年総理大臣。その後、田中義一、犬養毅内閣などでも蔵相、27（昭和2）年の金融恐慌を田中内閣の蔵相として沈静化させた。36（昭和11）年の二・二六事件で暗殺される。

■近衛文麿
恐れも洞察も責任も希薄な指導者

近衛は普遍的な理念を提示できなかった

第一次世界大戦後のパリ講和会議[1]（一九一九年）で、日本は国際連盟の規約に、人種差別禁止条項を盛り込もうとして英米に否定される。

パリ講和会議に随行した**近衛文麿**は、パリ渡航前年の大正七（一九一八）年に、有名な論文「英米本位の平和主義を排す」を発表しています。英米はきれいごとを言っているが、そんなものは偽善じゃないか、と。

近衛の主張も、英米の独占はずるい、俺たちにも「持てる国」になる権利がある、という帝国主義の枠を出るものではなかった。英米の欺瞞《ぎまん》は指摘できても、それに代わる普遍的な理念は提示していませんね。

（「世界史の中の昭和史」）

問題が紛糾してくると、愛人宅に逃げた

東京裁判には昭和史の主役がひとり欠けていますね。昭和十二年から昭和十六年の最も大事な時期に二度も首相を務めた**近衛文麿**です。巣鴨への出頭期限の当日に自殺したため、東京裁判では裁かれませんでしたが、戦争に至る過程で、彼は決定的な誤りを幾度もおかしている。近衛を論じることは、そのまま昭和期の日本政治の過誤を論じることに通じると思います。

（近衛の）「国民政府を対手《あいて》とせず[2]」について、戦後、私のボート部の先輩で、近衛の秘書官だった牛場友彦さんに聞いたことがあるんですよ。「どうして近衛さんはあんな声明を出したんですか」と尋ねると、「近衛さんは、あんなもの、すぐに変えればいいと思って出したんだ」と言うんですね。自分は天皇の次に偉いんだから、ちょっと間違えたら言い直せばそれで済むと本当に思っていた、と。「半藤君、君みたいな庶民には理解できないよ」と言われたことがある（笑）。

近衛は、絶対にこれだけは言ってはいけないということを必ず言ってしまい、後で必ず投げ出す。あ

とで変えればいいというのは、このときだけではない。

南部仏印進駐[3]のときもそうですよ。近衛から南部仏印に出兵したと聞かされた元外相の**幣原《しではら》喜重郎**[4]が、「それは必ずアメリカと戦争になる。できれば船を引き返せないか」と言うと、近衛は驚愕して「しばらく駐兵するだけで、挑戦することはしない、ということにようやく軍部との話し合いをつけたのである。それではいけないのか」と答え、顔面蒼白になった。

近衛内閣の外相をつとめた**広田弘毅**[5]も、態度が非常に投げやりでやる気に乏しかった。

近衛も同じで、肝心なときになると逃げてしまうんですね。戦後、近衛の秘書官だった牛場友彦さんに連れられて、近衛の愛人がやっている牛肉屋に行ったことがあります。すると、その家の娘さんが近衛そっくりの顔をしている（笑）。話を聞くと、近衛は問題が紛糾してどうにもならなくなると、愛人のところに逃げてくる。「母と二人で蚊帳《かや》の中に入っちゃうんですよ」と。

近衛・広田コンビというのは、日本のいちばん大事なときに、いちばん本気じゃない、いちばん投げやりな人物がトップに立ってしまったのではないでしょうか。

（「新・東京裁判――決断しないリーダー、暴走する組織」）

近衛が国家ナショナリズム一色へと変えていった

昭和史を研究していると、昭和二十年までの全ての昭和期が国家ナショナリズムだったと思われがちですが、そうではないんです。

日中戦争が始まった翌年、つまり**近衛文麿**内閣が「国民政府を対手とせず」と言って国家総動員法を成立させた昭和十三年から、かなり意図的に国家ナショナリズム一色へと変えていったんですよ。そして十四年終わり頃から急傾斜します。

この総動員法が昭和十年代におけるナショナリズムの歪みの典型なんです。

（『ナショナリズムの正体』）

日独伊三国同盟を結び戦争への坂道を転げ落ちた

昭和日本が太平洋戦争への道をひたすらに急ぎ出すことになる「ノー・リターン・ポイント」は、昭和十五年九月に日独伊三国同盟を締結したときであろう。この誤った選択をして以後は、一瀉千里《いっしゃせんり》のごとくに戦争への坂道を転げ落ちていった。

歴史は、ときの**近衛文麿**内閣がいよいよ同盟締結と決したとき、**天皇**と近衛首相との興味深い対話を残しておいてくれる。

同盟締結に反対の意向をつねづね表明していた昭和天皇は、待っていたとばかりに、心にある懸念と不安とを質問の形でつぎつぎと近衛にぶつけた。

「もう少し、独ソの関係を見きわめた上で締結したらどうであるか」といい、また、

「この条約は、非常に重大な条約で、このためアメリカは日本にたいして、すぐにも石油やクズ鉄の輸出を停止してくるかもしれない。そうなったら日本はどうなるか。この後長年月にわたって、大変な苦境と暗黒のうちにおかれるかもしれない。その覚悟がお前にあるか、どうか」

近衛は、この天皇のさまざまな角度からの質問に、**松岡洋右**[6]外相から吹き込まれている政略を、そのまま奏上した。つまり、この同盟の目的はやがて日独伊ソの協定にまで拡大した日米戦争の防止にあること、かつ同盟を締結しなければ日米戦争の危険はかえって大となること、である。天皇はなおもいった。

「ドイツやイタリアのごとき国家と、このような緊密な同盟を結ばねばならぬことで、こ

の国の前途はやはり心配である。私の代はよろしいが、私の子孫の代が思いやられる。ほんとうに大丈夫なのか」

近衛は、このとき明治の元老**伊藤博文**の話を突然想いだした。

「日露戦争開戦が御前会議で決まりましたとき、明治天皇は伊藤公を別室によび、『もし敗けたときはどうするつもりか』と訊ねられました。伊藤公は『万一にも敗れました場合には、臣は爵位勲等すべてを拝辞し、単身にても戦場に赴いて討ち死に致す覚悟でございます』と奏上されました。近衛もまた同じ覚悟でございます」

当然のことながら、天皇は日露戦争開戦時の、伊藤博文の決意の奏上の話は知っていたことであろう。そして伊藤にどれほどの心からの責任感の吐露があったかということも。それゆえに、この力強い近衛の言葉に、天皇はうなずいた。

「日米戦争が起り、万一のことがあったときには、近衛は、私と憂いをともにせよ。三国同盟のこと、今日の場合はやむをえまいと思う」

近衛は首相官邸に帰ると、待っていた閣僚に、天皇の言葉をそのまま伝える。それを聞いた松岡外相が、突然に大きな声をあげて泣きだした。外相がなぜ涙をぼろぼろこぼして泣くのか、近衛にはよくわからなかった。同盟案が裁可になったことがそんなに嬉しいのかと、近衛は心のうちであきれていたという。

自分の努力がお上に認められたかとひとりで興奮する外相と、天皇を何とか説得することができたことに胸をはる首相。いずれも国家の運命を賭した大事を決定したことへの恐れも洞察も責任も希薄な指導者である、と評するほかはない。まさに口先だけで、伊藤博文の決死の覚悟が近衛にはなかったことは、その後のかれの振舞いをみただけでわかる。政策遂行に行き詰まればすぐに逃げ出したのである。ましてや、大言壮語で自己陶酔型の松岡においてをや。


（「昭和天皇と明治天皇――なぜ明治は勝利し昭和は敗れたのか」）

「戦争の根本責任を負う者は、東條大将と近衛公爵」

戦争が終わった昭和二十年十一月二十八日、陸海軍省が全部なくなるとき、**斎藤隆夫**さんが演説をぶちまして、「今日の戦争の根本責任を負う者は、**東條**大将と**近衛**公爵、この二人であると私は思うのであります」とおっしゃいましたが、わたくしも同感です。これにもう一人、海軍の軍令部総長**伏見宮**殿下、と三人目をつけ加えておきたいのですが。

近衛さんは、巣鴨拘置所出頭の当日に毒を飲んで自殺をしました。それで死んだ直後に朝日新聞に、「日米交渉近衛公の手記」というのが連載されまして、これ、わたくしは当時読んだ覚えがあります。

「統帥権の問題は、政府には全然発言権なく」

――そんなことなかったですよね。

「政府と統帥部との両方を抑え得るものは、陛下ただ御一人である、しかるに陛下が消極的であらせられる事は、平時には結構であるが、和戦何《いず》れかというが如き国家生死の関頭に立った場合には障碍が起り得る場合なしとしない」

これが、近衛さんの統帥権問題に関する考え方だったんです。しかも、自分が積極的であったことなど完全に忘れてしまっているようです。

天皇陛下はこれを読んで、「近衛は自分にだけ都合のよいことを言っているね」という感想を洩らしたと言われています。「蔣介石を対手とせず」声明が思いだされていたのかもしれません。

（『あの戦争と日本人』）

注（1）パリ講和会議：総会は全部で6回開かれた。第2回総会で国際連盟の創設を決議。日本代表は西園寺公望と牧野伸顕。

（2）国民政府を対手とせず：１９３７（昭和12）年7月7日に勃発した日中戦争は長期化したが、翌年1月16日近衛文麿首相は、「爾後《じご》国民政府を対手とせず」、日本は「新興支那政権の成立発展を期待」すると声明を発し、国民政府との和平交渉の道をみずから閉ざすことになった。

（3）南部仏印進駐：１９４１（昭和16）年7月、日本軍がベトナム南部に進駐した事件。アメリカを強く刺激し、7月25日、ルーズベルト大統領は在米日本資産の凍結を公布し、イギリス、オランダも追随。8月アメリカは対日石油全面禁輸に踏み切った。

（4）幣原喜重郎：１８７２（明治5）～１９５１（昭和26）年。明治大正昭和期の政治家、外交官。１９１９（大正8）年駐米大使、21（大正10）年ワシントン軍縮会議の全権、24（大正13）年加藤高明内閣の外相、以後、第1次若槻礼次郎、浜口雄幸、第2次若槻の各内閣で外相を歴任、英米両国との協調外交、いわゆる幣原外交を推進した。その特徴は中国への内政不干渉主義だった。30（昭和5）年中国との関税協定、ロンドン海軍軍縮条約を締結。戦後、政界に復帰し45（昭和20）年10月内閣を組織し、天皇人間宣言の起草、日本国憲法制定過程に立ち会った。

（5）広田弘毅：１８７８（明治11）～１９４８（昭和23）年。明治大正昭和期の外交官、政治家。欧米局長、駐蘭公使を経て、１９３０（昭和5）年駐ソ大使。33（昭和8）年斎藤実内閣の外相。36（昭和11）年の二・二六事件の後、内閣を組織、日独防共協定を締結。48（昭和23）年東京裁判で文官として唯一の死刑判決を受けた。

（6）松岡洋右：２３５ページ参照。

近衛文麿：1891（明治24）～1945（昭和20）年。大正昭和期の政治家。37（昭和12）年第1次内閣を組閣、1カ月後に盧溝橋事件が勃発、日中戦争に拡大した。近衛は戦争継続を選択する。翌年「国民政府を対手とせず」と近衛声明を発して平和の道を自ら閉ざす。40（昭和15）年第2次内閣を組閣、日独伊三国同盟を締結し、大政翼賛会を創設しファシズム体制の樹立をはかった。翌年7月第3次内閣を組閣するが、東條英機陸相の反対にあって日米交渉は行き詰まり、同年10月総辞職。44（昭和19）年東條内閣打倒をはかり、45年2月戦争の早期終結のために天皇に上奏文を提出。終戦後、青酸カリで服毒自殺。

■松岡洋右

たった一人で政府を引っかき回した外務大臣

「四国協定で臨めば英米と対等にやりあえる」

昭和十五年七月二十二日にヨーロッパ戦争に不関与の方針をとっていた**米内光政**内閣が

倒れます。そして誕生したのが第二次**近衛**内閣でした。

外務大臣に就任したのは強硬な反英米派の**松岡洋右**です。この人は日独伊にソ連を加えて四国協定で臨めば英米と対等にやりあえる、という強烈な意見の持ち主。松岡はたった一人で政府を引っかき回し、なかば強引に三国同盟を成立させてしまいました。この同盟を結ぶことは、イギリスはもちろんのこと、それを応援しているアメリカをも敵とすることになる、非常に重大にして危険な決定でした。

かつて**米内光政**、**山本五十六**、**井上成美**の海軍トリオが陸軍と戦争する覚悟で反対した三国同盟を、一年たつかたたないうちに海軍も事実上賛成してしまったのです。

ところが歴史は皮肉なものでした。九月十五日、日本海軍の首脳が三国同盟を決めたまさにその日、ドイツ空軍がロンドン上空で大打撃を受けていたのです。戦況の潮目が変わっていました。さらにもうひとつの皮肉も付け加えておきましょう。

九月十九日に御前会議が開かれ、三国同盟は国策として決定されるのですが、その二日前の九月十七日、**ヒトラー**が重大決定をしていました。英国本土上陸作戦を完全に放棄し、ソビエト侵攻に方向転換の決定をしていたのです。

「日独伊ソの四国協定によって英米に対抗する」という甘い夢が、露と消えたことを日本人はまだ知るよしもありません。

昭和十六年になると日本の在ヨーロッパ各国公使から、ドイツとソ連との関係悪化の情報がつぎつぎに打電されてきました。

焦慮にかられた松岡外相は「ならばみずからの手で独ソ関係をうまく調整してやらねばならぬ」と意気込みます。松岡がヨーロッパに向けて旅立ったのが三月十二日のこと。松岡は精力的に動きました。ローマで**ムッソリーニ**[1]首相と会談し、ベルリンではヒトラー総統、リッベントロップ外相と際どいところまでの意見交換をしています。

このとき松岡はドイツの高官からソ連侵攻が近いと聞かされたとも、そんなことはありえない、ともいわれています。あるいはドイツ外相の「ぜひシンガポールを攻撃してもらいたい」との依頼に松岡が言質《げんち》を与えた、などなど。いろいろ言われておりますが、事実はいまなお明らかにはなっていません。

ベルリンを離れると松岡はモスクワに向かいます。ここでも大歓迎を受けます。四月十三日、ソ連からの提案を受け、松岡は日本に帰るために乗り込む汽車を一時間延ばして、電撃的に日ソ中立条約[2]が締結されたのです。

まったく予想していなかったことだけに、松岡は有頂天になりました。調印を終えてモスクワを出発するとき、発車直前に**スターリン**が駅頭に現れ、親しげに松岡の肩を抱きました。そして言いました。「お互いにアジア人だからなあ」と。すべてが大芝居でした。スターリンの真意は、まもなく始まるドイツとの戦争に備えてソ満国境線を安泰にしておきたかった、それだけのことでした。

（「半藤さんが精査した朝日新聞秘蔵写真」）

注

（1）ベニト・ムッソリーニ：1883〜1945年。イタリアの政治家。1921年国会議員に当選し、戦闘者団（戦闘ファッシ）を国家ファシスト党に改組、その党首になる。翌年首相のほか内相、外相をつとめ、一時は7つの大臣を兼務。また陸海空の3軍、立法・司法両権も掌握し全体主義体制を固めた。スペイン内乱に干渉し帝国主義的政策を推進し、39年ドイツと軍事同盟を締結、翌年英仏に宣戦したが、各地の戦闘で敗れ、43年失脚、逮捕、監禁された。同年9月ドイツ軍に救出され、ナチス・ドイツの傀儡《かいらい》政権を組織したが、45年愛人と共に逮捕され、即決裁判の後に銃殺。

（2）日ソ中立条約：1941（昭和16）年4月13日、モスクワで締結。45（昭和20）年4月5日、ソ連は条約の不延長を通告、8月日本に宣戦布告し、中国東北部などの日本軍に攻撃を開始した。

松岡洋右：１８８０（明治13）～１９４６（昭和21）年。大正昭和期の外交官、政治家。１８９３（明治26）年渡米し、オレゴン州立大学卒、外交官となる。駐米大使館一等書記官などをつとめた後退官。満鉄副社長、代議士を経て、国際連盟日本脱退時の総会に日本代表として出席。１９４０（昭和15）年７月、第２次近衛文麿内閣外相となり、日独伊三国同盟、日ソ中立条約締結を推進。戦後、Ａ級戦犯となり、巣鴨プリズン収監中に病死。

■木戸幸一
天皇の決定すらも左右できた側近中の側近

木戸の天皇独占、これだけは許せない

私、これだけは許せないんだ。なぜ木戸は昭和二十年（一九四五）の二月、天皇がどう

しても重臣の話を聞きたいと望んだときに、これを徹底的に阻害し邪魔したのか。**細川護貞**[1]は、「木戸が宮中に壁を作って自由な意見を取り次がない。木戸がいちばんのガンである。木戸を辞めさせる方法はないか」、などと日記に書いている。もう**近衛**はじめ重臣どもはみんな木戸に参っているんです。**東條**に代わって首相になった**小磯国昭**までが「側近に線の太きものを使い相成りたし」とわざわざ奏上して木戸批判を口にしている。これは三月二十四日のことです。こういう状態になっているのにもかかわらず木戸は重臣を宮中に入れないのですよ。なにも重臣だけではなくて、宮様も。木戸だけが天皇独占です。

（『昭和史裁判』）

木戸の証言は東京裁判に相当の影響を与えた

昭和十九年七月に、**東條**内閣に対する倒閣運動が起きるのですが、このときは**近衛**が**木戸**のところに行って、重臣の意向は東條を代えることにあるから、木戸の口から天皇に伝えてくれ、と言うのです。すると、木戸は、自分からそんなことは言えない、近衛たちが勝手に会議を開いて、その結果を報告してくれれば天皇に申し上げる、という段取りをつける。木戸は自分に責任が及ばない形で、東條を見捨てるんですね。そうして秘密の重臣会議が開かれて、東條更迭が決まる。

東京裁判で、木戸は資料として自分の日記を提出し、東條をはじめとする陸軍軍閥こそが戦争の主導者だったと証言します。

木戸がサケット判事に「日本で誰が責任があったと思うか」と尋問されて、名前を挙げたのは、粟屋憲太郎の著書『東京裁判への道』によると、満洲事変では南次郎、荒木貞夫、真崎甚三郎、橋本欣五郎、根本博（参謀本部支那班長）、石原莞爾、板垣征四郎、大川周明。上海事変関係では小磯国昭。日中戦争では、永田鉄山、鈴木貞一、林銑十郎、松井石根《いわね》、岡村寧次。南方進出で、佐藤賢了、東條英機、松岡洋右、近衛文麿、杉山元、武藤章、永野修身、嶋田繁太郎、岡敬純。

二十三人が挙げられていて、うち十五人がA級戦犯になります。木戸の証言は裁判に相当の影響を与えたといえるでしょう。

『木戸日記』を提出した理由は、やはりこれを読めば自分に責任がないことが分かる、ひいては昭和天皇の責任を回避しようという意図があったのでしょう。

（「新・東京裁判——決断しないリーダー、暴走する組織」）

注

（1）細川護貞：１９１２（明治45）～２００５（平成17）年。明治大正昭和期の華族。元肥後藩主細川家の17代当主。１９４０（昭和15）年第2次近衛文麿内閣で首相秘書官。高木惣吉海軍少将らと終戦工作の連絡役をつとめる。細川護熙元首相の父。侯爵。

木戸幸一：１８８９（明治22）～１９７７（昭和52）年。大正昭和期の政治家。商工省部長から牧野伸顕内大臣秘書官長になる。第1次近衛文麿内閣文相、厚相、平沼騏一郎内閣内相などを経て、１９４０（昭和15）年、内大臣となり、天皇側近として実権を握る。戦後、A級戦犯となり、東京裁判で終身禁錮刑に処せられるが、55（昭和30）年仮釈放。木戸孝允《たかよし》の孫。侯爵。

■鈴木貫太郎
終戦を決定づけた満身創痍の名宰相

天皇とのア・ウンの呼吸で終戦に導いた

昭和二十年八月九日、長崎に原爆が投下されても、**阿南惟幾**陸相をはじめとする陸軍の強硬姿勢により、終戦がなかなか決まらない。そこで、**昭和天皇**と**鈴木貫太郎**首相が進めた〝儀式〟は興味深いです。

同日深夜、御前会議の席上で、鈴木は「結論が出なかったので、天皇のご判断を仰ぎたい」といきなりやるのです。すると、普段は発言しないはずの天皇が「それなら、私の意見を言おう」「私は**東郷茂徳**外相の（終戦の）意見に同意である」と言うではありませんか。陸軍はいっぱい食わされた（笑）。侍従長を長く務めた鈴木と天皇の、主従のア・ウンの呼吸がうまくいった例です。

（「半藤さんが悟った『昭和の始まりは幕末だ』」）

鈴木貫太郎：1867（慶応3）～1948（昭和23）年。明治大正昭和期の海軍軍人、政治家。連合艦隊司令長官、軍令部長などを経て、1929（昭和4）年、侍従長。二・二六事件で反乱部隊に襲撃され重傷を負う。44（昭和19）年、枢密院議長、翌年4月7日内閣総理大臣となり敗戦を決定する。たか夫人は昭和天皇幼少時の御養育掛だった。男爵、海軍大将。

■南原繁
和平への道を必死に工作した東大教授

「ソビエトを仲介とする和平は絶対にやってはいけない」

昭和二十年の春、和平の問題が密かに進行している時に、いろんな人が和平案を出した。
東京大学の**南原《なんばら》繁**法学部長を中心として、**高木八尺《やさか》**、**岡義武**という法学部教授らが日本の和平案を考え、**木戸幸一**に伝えている。それは「ソビエトを仲介とする和平はとんでもないから絶対にやってはいけない。アメリカに直接和平を申し込め。そして終戦への動きはまず海軍が始め、裁断は天皇が行う。詔勅《しょうちょく》を発布し、内外に明示する。そして戦後における国民道徳を確保するため、終戦後の適当な時に、天皇は道義的責任をとって退位する」というような内容です。

じつは終戦はそのように運んだのですが、国際感覚のある、良識ある人たちには、そういう考えがありました。ところが陸・海軍は、背に腹は替えられない。アメリカ軍が猛烈な勢いで攻めてくるのを抑えこむためにどうするかということだけでもう精一杯でした。

（『昭和史をどう生きたか』）

南原繁：1889（明治22）～1974（昭和49）年。政治学者。1925（大正14）年東大教授、45（昭和20）～51（昭和26）年東大総長。50（昭和25）年サンフランシスコ講和条約締結の際、全面講和を唱え、吉田茂首相に「曲学阿世の徒」と非難され対立する。貴族院議員。

■吉田茂
戦後日本のあり方を決めたワンマン首相

「アングロサクソンとは仲良くしなければならない」

昭和三十八年に『文藝春秋』編集部にいたとき、戦後日本のあり方を決めたワンマン首相の**吉田茂**さんに会いに行って、直接聞いた話があるのです。それを紹介します。

「現代日本の国際的任務は、自国の自由を守りつつ、ほかの国にも自由のよさを波及させ、世界的視野における自由主義の伸長に寄与することにあるんだ。であるから、日本がパートナーとして選ぶべきは常にイギリス、そしてアメリカのような民主主義国であるのは理の当然である。日本は英米と協調し続けることで、国際的には民主陣営に地歩を占めるが、同時に、国内的にもいい影響をうけ、議会政治の進歩をうながすことになる。一挙両得とは、まさにこのことを言うのだね」

「アングロサクソンとは仲良くしなければならないんだよ」というのが吉田さんの考え。いわゆる吉田ドクトリン[1]の基本になっているわけですね。ところが、最近は吉田ドクトリンを否定する方向の考え方もかなり出はじめている。

そうなんですね、日米安保の見直し論が叫ばれ、そのために憲法を改正し、集団的自衛権が行使できる国にしようという考え方が大きな力となっている。中国〝仮想敵国〟論がかまびすしく叫ばれています。これからの日本はどの道を選択したらいいのか、むつかしいところにさしかかっています。ここはその場でないので、それ以上は申しませんが。

とにかく、日本の近代史をずーっと見てくると、英米と協調して仲良くやっている間に発展したということは確かなんです。逆に英米と仲が悪くなって、ドイツなんかとくっついてからはどんどん悪化する。日中戦争を始めてから経済的にもずいぶん困難になってしまったし、日中戦争が長引いたのも、アメリカとイギリスが敵にまわした蔣介石に武器を渡したり、食い物を渡したりしていたから……だから、米英がすべて悪いんだというふうに私たち国民は教え込まれたんですが……。そういうことを考えると、吉田さんの言うようにアングロサクソンとは何があろうとも仲良くするのが日本の国の将来のためにはいいことなのかもしれません。

（『あの戦争と日本人』）

注

（1）　吉田ドクトリン：安全保障の確保をアメリカに依存することで、軽武装を維持しながら、経済の復興・発展を最優先させることによって、国際的地位の回復を目指した戦後日本の外交の基本原則。

吉田茂：１８７８（明治11）～１９６７（昭和42）年。明治大正昭和期の官僚、政治家。イギリス、中国などの領事を経て、１９２８（昭和3）年外務次官。45（昭和20）年東久邇宮稔彦王、幣原喜重郎両内閣の外務大臣。翌年第1次内閣を組閣。48（昭和23）年第2次、翌年第3次内閣。51（昭和26）年対日講和条約の首席全権、日米安全保障条約に調印。52（昭和27）年第4次内閣、53（昭和28）年暴言問題から「ばかやろう解散」。同年第5次内閣、翌年総辞職、政界引退。

■寺崎太郎

気骨ある官僚　その①

かつては身の危険を顧みない官僚が大勢いた

昔は気骨のある官僚がいたことをきちんと伝えていく必要があるでしょうね。

日米開戦前夜の外務省では、親独の枢軸派が多数を占め、日米交渉による開戦回避という国の方針に反旗を翻《ひるがえ》していた。そのころアメリカ局長として日米交渉にあたっていた**寺崎太郎**は、身の危険を感じて常にピストルを持ち歩き、重要な指令を伝えるときには省内ではなくホテルの一室で電話をかけたそうです。

忖度《そんたく》と言うと、政治家にやらされている面が強調されがちですが、実際には官僚たちの単なる保身に過ぎないことも多い。かつては身の危険を顧みない官僚が大勢いたことを、いまの官僚にも知ってほしいものです。

（「安倍政権と旧日本軍の相似形」）

寺崎太郎：1897（明治30）〜1988（昭和63）年。昭和期の外交官。仏、英、伊、ルーマニア大使館に勤務の後、第2次・第3次近衛文麿内閣でアメリカ局長として対米交渉を主管。1946（昭和21）年外務次官。宮内省御用掛で『昭和天皇独白録』を残して衝撃を与えた寺崎英成は実弟。

■下村治
■大来佐武郎

気骨ある官僚 その②

天皇の官吏であった人たちの日本再興への強い使命感

戦後の経緯を眺めてみると、我々は戦後日本をどういう国にしてゆくかということを、まるで考えないまま昭和三十年代まで来てしまったんです。とにかく腹が減ってしかたがない、何とか食べることだけはしたい、そのことばかり考えていたら、いきなり昭和二十七年に独立が果たされ、主権国家になっていた。その喜びはあったものの、同時に日米安保も結ばれているという、何が何だかわからない状態で戦後日本がスタートしてしまった。

そこで改めて、どういう国家を作るのか模索を始めたのが昭和三十年代だと思うのです。だから衝突の時代でもあったんですね。社会主義国家を作ろうとする人もいれば、戦前のように軍事力を持った強い国家を作ろうとする人もいた。スイスのようなこぢんまりとした文化国家のほうがいいという人もいて、きわめて混沌とした時代でした。

選挙では、自民党が二人なら社会党も一人が当選して、思想が一極化しない時代だった。

それがまさに昭和三十年に出来た五五年体制で、自民党の独走を許さない仕組みになっていた。このバランスというのも、戦後日本の幸運のひとつであったように思います。

その政治のバランスの下で行政を担った官僚たちというのがきわめて優秀でした。**下村治**にしても**大来《おおきた》佐《さ》武《ぶ》郎《ろう》**にしても、かつて天皇の官吏であった人たちが、日本を何とか再興させなくてはいけないという強い使命感をもって行政にあたった。この人たちが、早くから高度成長の準備をしていたんです。昭和三十一年に評論家の中野好夫さんが「もはや

『戦後』ではない」という文章を『文藝春秋』に書いて、同年の経済白書で経済企画庁の後藤誉之助さんがその台詞《せりふ》を結語に使って、いよいよ経済成長の時代に入っていくわけです。

（「我ら日本人の戦後史」）

下村治：１９１０（明治43）〜１９８９（平成１）年。昭和期の経済学者、大蔵官僚。１９３４（昭和９）年大蔵省入省。専売局、理財局金融課を経て36（昭和11）年ニューヨーク駐在。59（昭和34）年退官までに日本銀行政策委員などを歴任。退官後は国民金融公庫理事、日本開発銀行理事などを歴任。60年代の池田勇人内閣で国民所得倍増計画立案にかかわる。
大来佐武郎：１９１４（大正３）〜１９９３（平成５）年。昭和平成期の外交官、経済企画庁官僚。１９３７（昭和12）年逓信省入省。終戦後は外務省調査局に勤務し、その後経済企画庁で国民所得倍増計画の策定に中心的な役割を果たした。第２次大平正芳内閣では民間人閣僚として外務大臣に起用された。

【海外の政治家篇】

■ウィンストン・チャーチル
第二次世界大戦で国を鼓舞し続けた名宰相

ヒトラーとの戦いで見せた驚異的な粘り

この百年、歴史に衝撃を与え、方向づけをした指導者たちのベストテンを作ってみたのですが、その一番目は**チャーチル**なんです。

チャーチルは『第二次大戦回顧録』で、「私のこれまでのすべての経歴は、いまこの時のための準備だった」と戦時中を振り返っています。彼の生涯のハイライトは確かに、ヒトラーとの戦いで見せた驚異的な粘りでした。

チャーチルのことで思い出すのは昭和二十八年の出来事です。エリザベス二世の戴冠式に当時の皇太子（**現在の上皇**）が列席されたのですが、何しろまだ戦後十年と経っていない時期ですから、〝戦犯国〟日本の国際的立場は厳しかった。皇太子の訪英時の扱いも宜《よろ》しくなく、いっときは不穏な空気も流れていた。

それをチャーチルは敏感に察知し、すぐに皇太子歓迎会を実施したんです。しかもチャーチルは硬派の新聞の社長や野党の人間など、反日感情の強い人たちをあえて招いた。そこで一ぺんに日本の皇太子に対するイギリス人の感情が変わったのです。

（「20世紀　世界を動かした人々」）

ウィンストン・チャーチル：1874～1965年。イギリスの政治家。陸軍士官学校卒業。1900年保守党下院議員となるが、04年自由党に移り、植民省次官、内相などを経て、第1次世界大戦時には海相となり、ダーダネルス海峡攻撃に失敗し辞任。戦後、陸相、植民相。24年保守党に戻り、蔵相。第2次世界大戦時には開戦とともに海相、40年首相就任。ルーズベルト、スターリンの米ソと協力して勝利に導く。53年『第二次世界大戦』（全6巻）でノーベル文学賞受賞。

■シャルル・ド・ゴール
連合国に向けて「ノン」を言い続けた将軍

ド・ゴールがいたことで、連合軍に別の幅が出てきた

　実は私、**ド・ゴール**好きなんですよ。でも彼はどうも戦争中には表舞台には出してもらえない。**チャーチル**も**ルーズベルト**も彼を嫌っていた。しかし、ド・ゴールがいたことで、連合軍に別の幅が出てきたと思います。米・英・ソは自分たちが戦後の世界をどう動かすか、そんな密約ばかりしていたときド・ゴールが「ノン、ノン」と言い続けた。この「ノン、ノン」が二十世紀の世界史を少しずつ動かしたのではないか。

　ド・ゴールという人はいかにもフランスの特異さを全部身につけた人だけど、軍人としては先見の明があったんです。いわゆる戦車による電撃作戦を最初に考え出したのは彼なんですね。ところがフランスの陸軍はそれを採用しないで、ドイツが採用した。それでやられちゃったんです。

（「20世紀　世界を動かした人々」）

シャルル・ド・ゴール：１８９０～１９７０年。フランスの軍人、政治家。１９３０年代初め最高国防軍事会議事務局長に任じられる。第2次世界大戦中、ロンドンから対独レジスタンスを呼びかける。44年フランスに帰国、フランス共和国臨時政府の首班。58年第5共和政の初代大統領。

■毛沢東
革命を成就したあとは尊大な独裁者

尊大さと小心さが起こした〝絶えざる文化大革命〟

実は**毛沢東**は**西郷隆盛**によく似ている、と私は思っているんです。両人共に詩人にして軍事的大天才なんですよ。革命時に物凄い力を発揮した。その時には人間的にも人徳あるかのように振る舞った。しかし、革命が成就して天下を取りますと精彩を欠いてしまい、やたら尊大になる一方で他の人間の動静が気にかかる。そこで〝絶えざる文化大革命〟をやってしまう。

それは西郷さんも同じでした。明治維新以降、彼の出番はなくなった。さらに、明治政府の役人たちが、みんないい気になって天下を取ったように振る舞っているのが許容できなかった。だから西南戦争は彼にとっての〝絶えざる文化大革命〟だったのです。

（「20世紀　世界を動かした人々」）

毛沢東：１８９３〜１９７６年。中国の政治家・革命家。中国共産党の最高指導者として、１９４９年、中華人民共和国を建国し主席となる。また、66〜69年の文化大革命を発動した。72年には日中国交正常化に努めた。主著に『実践論』、『矛盾論』など。

■蔣介石
アジアの代表的な反共政治家

太平洋戦争は蔣介石がアメリカを引き込んだから起きた

私は、「太平洋戦争は**蔣介石**がアメリカを引き込んだから起きたのだ」と思うほど、彼が開戦直前に果たした役割を重要視しているんです。彼はそのために全力を尽くしました。**チャーチル**だって、蔣介石の度重なる要請にほだされて**ルーズベルト**を説得しましたからね。

（「20世紀　世界を動かした人々」）

蔣介石：1887～1975年。中国の政治家。中華民国総統。1908年日本に留学し東京の振武学校（中国留学生のための陸軍士官学校予備学校）を卒業。東京で孫文に出会い、11年の辛亥革命に参加。28年に南京に国民政府を樹立し主席となる。抗日戦争や毛沢東との国共内戦を経て、49年台湾に逃れる。翌年総統就任。

■アドルフ・ヒトラー

■ヨシフ・スターリン

二十世紀が生んだ悪魔たち

悪霊とも死神とも手をにぎる男たち

このころ（一九三九年）ヨーロッパでは微妙に、かつはげしく国家間の情勢が動きだしていた。

その中心にあるのがドイツ総統**ヒトラー**とソ連首相**スターリン**である。「二十世紀が生んだ悪魔」ともいうべき二人が、それぞれの野心と計算のもとに、地球をあらぬほうへ転じさせようと動きだしたのが、まさにこのときなのである。かれらは自分の目的のためには悪霊であろうと死神であろうと手をにぎるを辞さない男たちである。

（『ノモンハンの夏』）

アドルフ・ヒトラー：１８８９～１９４５年。ドイツの政治家。ドイツ労働者党に入党、１９２０年同党を国家社会主義ドイツ労働者党（ナチス）と改め、翌年党首となる。33年首相、翌年総統、以後独裁体制を続ける。45年4月30日ベルリン陥落の前に自殺。

ヨシフ・スターリン：１８７９～１９５３年。ソビエト連邦の政治家。１９２２年共産党の書記長となり実権を握る地位につく。24年レーニンが死去すると権力を掌握。34年軍首脳部、党員、一般市民に向けた「大粛清」を開始。36年「スターリン憲法」制定。43年元帥、45年大元帥。53年脳出血のため死去。

■ヨシフ・スターリン
ひがみっぽく偏執狂的な独裁者

寝ても起きても、周辺のすべてのものが敵

この独裁者はひがみっぽく、多分に偏執狂的な性質をもっていた。その性質は人を疑うときにはとくに発揮されたという。かれは人間の愛情や友情を信用せず、「だれでも買収されることがありうる」と信じていた。かれが許可した粛清や大虐殺は、まさしくだれをも信用しない、妄想にとらわれてのものであったといえる。

かれの娘スベトラーナは回想している。このころ（一九三十年代後半）の**スターリン**は「ますます厳しくなった。まるで全世界を敵にまわしているかのような厳しさであった。それは病的な熱狂、あるいは被害妄想の域に達していた」と。寝ても起きても、周辺のすべてのものが敵ではないかとの強迫観念にとらわれていた。結果は、かれに反対のことをいいだすものには、ただちに災いがふりかかることとなった。

（『ノモンハンの夏』）

出典一覧

「12月８日・山本五十六の無念」（『文藝春秋』１９８６年２月号）
「シベリア抑留の『密約』説を糾す」（『文藝春秋』１９９０年９月号）
「エリート秀才は失敗する　ノモンハンと大蔵省」（『文藝春秋』１９９８年８月号）
「20世紀　世界を動かした人々」（『文藝春秋』臨時増刊２０００年２月号）
「60年目の『日本のいちばん長い日』」（『文藝春秋』２００５年９月号）
「日本敗れたり——あの戦争になぜ負けたのか」（『文藝春秋』２００５年11月号）
「昭和の陸軍　日本型組織の失敗」（『文藝春秋』２００７年６月号）
「昭和の海軍　エリート集団の栄光と失墜」（『文藝春秋』２００７年８月号）
「帝国海軍vs米国海軍　日本はなぜアメリカに勝てないのか」（『文藝春秋』２００７年11月号）
「昭和天皇と明治天皇——なぜ明治は勝利し昭和は敗れたのか」（『文藝春秋』２００８年２月号）
「零戦と戦艦大和——世界最高兵器の栄光と悲惨」（『文藝春秋』２００８年６月号）
「新・東京裁判——決断しないリーダー、暴走する組織」（『文藝春秋』２００８年10月号）
「指揮官たちの戦後」（『文藝春秋』SPECIAL ２００８年夏号）
「『大恐慌』リーダーの資質」（『文藝春秋』２００９年７月号）
「半藤さんが悟った『昭和の始まりは幕末だ』」（『文藝春秋』増刊号くりま２００９年９月号）
「半藤さんが精査した朝日新聞秘蔵写真」（『文藝春秋』増刊号くりま２００９年９月号）
「半藤さんが出逢えた、ブレなかった日本人」（『文藝春秋』増刊号くりま２００９年９月号）

出典一覧

「半藤さんが『歴史探偵』になるまで」（『文藝春秋』増刊号くりま２００９年９月号）

「山本五十六と『５人の参謀』　帝国海軍は人事で崩壊した」（『週刊文春』２０１１年12月22日号）

「軍師の条件」（『文藝春秋』SPECIAL ２０１３年冬号）

「太平洋戦争　連合軍が畏怖した名将の死闘」（『文藝春秋』２０１４年１月号）

「世界史の中の昭和史」（『文藝春秋』SPECIAL ２０１５年春号）

「我ら日本人の戦後史」（『文藝春秋』２０１５年１月号）

「失敗の昭和史　日本海軍とノモンハン」（『文藝春秋』SPECIAL ２０１６年冬号）

「安倍政権と旧日本軍の相似形」（『文藝春秋』２０１８年５月号）

「昭和史から学ぶリーダーの条件」（『文藝春秋』２０１８年８月号）

『指揮官と参謀　コンビの研究』（文春文庫・１９９２年12月10日刊）

『ノモンハンの夏』（文春文庫・２００１年６月10日刊）

『日本のいちばん長い日　決定版』（文春文庫・２００６年７月10日刊）

『昭和の名将と愚将』（文春新書・２００８年２月20日刊）

『あの戦争と日本人』（文春文庫・２０１３年７月10日刊）

『昭和史裁判』（加藤陽子との共著・文春文庫・２０１４年２月10日刊）

『ナショナリズムの正体』（保阪正康との共著・文春文庫・２０１７年９月10日刊）

『昭和史をどう生きたか』（文春文庫・２０１８年７月10日刊）

※注と略歴は「コトバンク」を参考にした。

半藤一利（はんどう　かずとし）

1930年生まれ。作家。文藝春秋に入社し、『週刊文春』『文藝春秋』などの編集長、専務取締役を歴任。昭和史研究の第一人者として知られる。2021年1月12日逝去。『日本のいちばん長い日　決定版』『聖断』『昭和史』『戦争というもの』『歴史探偵　忘れ残りの記』『歴史探偵　昭和の教え』など著書多数。

文春新書

1392

昭《しよう》和《わ》史《し》の人間学《にんげんがく》

2023年1月20日第1刷発行

著　者　　半藤一利
発行者　　大松芳男
発行所　株式会社　文藝春秋
〒102-8008　東京都千代田区紀尾井町3-23
電話（03）3265-1211（代表）

印刷所　　理想社
付物印刷　大日本印刷
製本所　　大口製本

定価はカバーに表示してあります。
万一、落丁・乱丁の場合は小社製作部宛お送り下さい。
送料小社負担でお取替え致します。

ISBN978-4-16-661392-2